受上海市哲学社会科学规划中青班专项课题
"农民参与农村生态环境治理的模式研究"（批准号：2016FZX008）
和"中央高校基本科研业务费专项资金资助"（项目号：22120240529）的资助

乡村

生态环境
治理参与模式研究

运迪 著

PARTICIPATION MODEL FOR
RURAL ECOLOGICAL
ENVIRONMENT GOVERNANCE

社会科学文献出版社
SOCIAL SCIENCES ACADEMIC PRESS (CHINA)

目　录

上篇　生态治理的思考和探索历程

上　篇

生态治理的思考和探索历程

第一章 乡村生态环境治理中的参与问题研究

中国农业和乡村现代化取得显著成效，但随着农业产业化、城乡一体化进程加快，乡村环境污染和生态破坏问题未能得到彻底根治。如何持续打好农业乡村污染治理攻坚战，一体化推进乡村生态保护修复，是乡村生态文明建设的重要环节。近年来，党和政府在环境保护法律法规和政策的制定、环保规划和资金投入等方面做出巨大努力，但中国乡村生态环境仍然面临挑战，这不得不让我们反思，单纯依靠经济和政策的投入能否从根本上解决乡村生态治理问题？与此同时，全球进入智能革命阶段，为了满足全球气候变化和持续发展的需求，人类需要更多新的能源类型，这就引发了一种新的零碳革命，即以碳中和为目标的新的能源革命和生态革命，其目标是通过更加清洁的能源为人类创造一个更加适合居住的、友好的生态环境。[①] 这些新的变化也提醒我们，如何实现生态文明已经成为整个人类世界需要重新审思和应对的全球问题。

中国特色社会主义进入新时代，推进中国式现代化成为国家发展和民族复兴的主题，在中国式现代化语境中，如何构建包括生态文明在内的人类文明新形态，为整个人类的生态文明建设贡献中国方案和中国智慧，成为这一阶段中国生态文明建设的目标指向。因此，我们要在中国式现代化发展框架中，在更广阔的人类世界历史发展背景中，在追求共同富裕的中华民族伟大复兴征程中，回顾和梳理党和国家进行生态文明建设的理念演变和政策脉络，为进一步讨论当前中国生态环境治理现状提供宏观政策背景。同时，观照当下中国生态文明建设的现实局面，我们首先面临的是乡村生态环境治理问题，这不仅关乎农业乡村的现代化发展，也是宜居宜业

---

① 高奇琦：《新科技革命背景下世界动荡变革期的核心特征与应对战略》，《马克思主义与现实》2023 年第 2 期。

和美乡村建设的重要环节，更是加快农业农村现代化更好推进中国式现代化建设的百年大计。因此，我们还将目光聚焦于对中国乡村生态环境治理实践的探讨，通过分析各地不同乡村地区生态环境治理的案例，研究中国乡村生态文明的建设路径。

一 研究缘起

在推进中国式现代化建设进程中，生态环境问题始终是政府、社会以及居民共同关注的热点问题。党的十八大以来，中国将生态文明建设提到一个全新的战略高度，实施最严格的生态环境保护制度。党的二十大报告更是明确指出，"中国式现代化，是中国共产党领导的社会主义现代化，既有各国现代化的共同特征，更有基于自己国情的中国特色"①。中国式现代化是人口规模巨大的现代化，是全体人民共同富裕的现代化，是物质文明和精神文明相协调的现代化，是人与自然和谐共生的现代化，是走和平发展道路的现代化。其首次将人与自然和谐共生的现代化作为中国式现代化重要组成部分，认为富强民主文明和谐美丽是社会主义现代化强国的标志。随后，中央密集出台促进生态环境治理和生态文明建设的一系列文件和政策，谋篇布局推进绿色发展和绿色生活。特别是针对乡村生态治理和生态文明建设问题，习近平总书记更是提出，"要把生态环境保护放在更加突出位置，像保护眼睛一样保护生态环境，像对待生命一样对待生态环境"②。当下，中国致力于建设的生态文明样态，在国内国外都没有现成的经验，我们需要从生态治理的现状和生态文明建设的进程中不断总结和完善既有的政策路径。

然而我们在实地调研中不得不面对的现实是，目前乡村生态环境问题没有得到整体有效的改善。随着乡村经济的发展和乡村居民生活水平的提高，农业生产、工业开发和生活污染物排放等造成的乡村环境污染问题仍然存在。随着现代化和城镇化不断推进，乡村居民生产方式和生活方式的结构性转变并不是村民自己能够单独面对和解决的问题。我们在调研中发

---

① 习近平：《高举中国特色社会主义伟大旗帜　为全面建设社会主义现代化国家而团结奋斗——在中国共产党第二十次全国代表大会上的报告》，人民出版社，2022，第22页。

② 中共中央宣传部编《习近平新时代中国特色社会主义思想学习问答》，学习出版社、人民出版社，2021，第350页。

现，乡村生态环境问题存在政策的高位推进和现实的治理困境之间的落差，有必要对乡村生态环境问题进行更深层次的探讨。

首先，中国乡村社会是自然的共同体，具有自生权威和自生秩序，这是共同体赖以生存和发展的基础。乡村社会这种自组织结构是在自然和历史中形成的，一旦被纳入国家治理体系，那么乡村治理的秩序和能力，就不再单一地取决于自身的实际状况，还将取决于国家的制度设计和政策落脚点。党和政府的生态环境政策要为乡村的生态环境建设提供必需的支持和保障，以尊重不同乡村地区的差异性和特殊性，给予乡村社会发展空间，支持乡村居民以个体或组织化的方式参与所在村的生态环境治理，通过自身力量实现生产和生活的绿色发展和可持续运行。特别是乡村税费改革后，国家无法通过单一的自上而下的行政体系将环境政策强有力地实施于乡村社会。乡村社会在现代化和市场经济的冲击下，也无力维持原有的治理秩序，势必要借助国家的权威和力量，实现自身社会的转型和治理秩序的重建。国家和社会相衔接，基层政府与乡村双向作用，政府、社会和乡村居民多方协商合作，已然成为思考和解决乡村生态治理问题的有效途径。

其次，乡村居民作为乡村社会的主体，既是乡村经济社会、生态文明的建设者，又是生态环境的承载者，更是生态环境恶化的受害者。我们在探讨生态环境治理中，乡村居民是首要的主体性因素。一方面，国家环保政策的制定和执行，都应该以直接相关者——乡村居民的接受度和配合度为标准，环境政策的推行能否得到当地居民的认可，不仅在法理层面，更是在实践层面检验环境政策是否符合不同乡村地区的实际情况。另一方面，乡村居民常年生活在乡村，拥有丰富的乡土知识经验，比任何外来者都更了解乡村的实际状况，在环境政策治理中，可以帮助执行者深度掌握乡村真实情况，制定出科学合理的乡村生态环境政策。不考虑乡村实际情况和乡村居民实际需要的乡村生态环境政策，在执行中很有可能引发举报投诉、集体上访等非制度化群体性事件。

因此，我们从乡村生态环境治理参与的不同主体入手，切入对中国式现代化建设进程中生态文明建设问题的探讨，考察乡村生态环境治理中相关主体的角色定位、职责履行、行为逻辑和互动关系，通过对处于东中西部不同地区、不同发展阶段和不同自然禀赋条件的上海市郊、福建永春、浙江丽水、云南云龙、内蒙古乌梁素海等5个地方案例的实地调研，分析多元治理主体相互作用、共同发力形成的治理模式。同时，这也是探讨在新型治理格局中如何重构国家与乡村的衔接关系，发挥不同参与主体作用，构建乡村良性有序治理环境的有利契机。

二　研究思考的主要问题

我们在研究中国生态文明建设的乡村实践课题中，需要厘清以下几个问题，这有利于我们更清晰地聚焦想要讨论的主题。

（一）生态环境问题在基层治理中的无可回避性

在乡村诸多公共事务中，人们的兴趣水平和参与程度存在较大差异。生态环境问题，是身处其中的乡村居民不得不面对的非常直接且紧迫的生存问题，也是地方政府越来越关心的和政绩挂钩的治理问题（在近期的中央巡视中，各地的生态环境问题屡屡成为被问责的重要议题，也出现了地方官员因生态环境治理不力受到行政处分的情况，例如2022年在云南省推出的县级评选中，生态环境建设情况已经是决定一个县具有参评资格的关键因素，如若建设不力，则一票否决），同样是村镇社会在基层治理运行中，维护乡村秩序、促进社区和谐的权重指标。由此，我们认为与乡村基层治理相关的各方——基层政府、乡村社会组织和乡村居民都不得不对生态环境问题给予重视。相比较经济发展、社会建设、文化建设等选项，生态治理不仅与推进乡村振兴等宏大的发展目标相联系，也是乡村社会能否调动广大农民积极性，引导他们投身乡村建设，重塑基层治理秩序的重要议题。对于乡村居民来讲，如果打算在乡村社区安居乐业，那么他们面临的切身问题，除了如何在乡村社会谋出路之外，还有如何建设并拥有一个良好的生态环境。生态环境治理无疑是我们今天进入乡村社会认知乡土价值的绝佳切入点，当然探讨中国生态文明建设的乡村实践，绝不是主张农业文明或其代表的乡土文明是生态文明的典范，要回归到农业文明或乡土文明阶段，才能建设新时代的生态文明，而是认为乡村是生态系统不可分割的组成部分，在生态系统中发挥着重要而独特的作用，使之成为生态文明的重要载体，承载着一种全新的文明方式，是生态文明的重要展演空间和建设场域。[①] 2024 年发布的中央一号文件《关于学习运用"千村示范、万村整治"工程经验有力有效推进乡村全面振兴的意见》聚焦建设宜居宜业和美乡村，正是对如上民众关切的"三农"议题的及时回应。因此，乡村环境治理议题是基层治理中无法绕过去的、与乡村社会中各个行动主体都密切相关的核心议题，也是我们在建设中国式现代化进程中，理解乡村社会，理解村民群体的重要切入点。

（二）乡村生态环境治理的内涵和范畴

具体而言，目前乡村地区的环境污染问题主要表现为以下四个方面。一是农业面源污染。农业面源污染是相对于工业和城市生活点源污染而提出的概念，指在农业生产过程中不合理施用化肥、农药及灌溉水，过度禽畜水产养殖等行为对农业生态环境造成的大面积污染。[②] 农业面源污染直接危害农民身体健康和财产安全，是乡村生态环境面临的首要危害。二是乡村生活垃圾污染。乡村生活垃圾的排放及城市生活垃圾转运到乡村，给乡村环境带来很大的负担。卫生部调查显示，乡村人均日产生的生活垃圾量为 0.86 千克，全国乡村生活固体垃圾排放量每年高达 2.34 亿吨，而且增长速度快于城市，但其无害化管理水平却远低于城市。另据调查，2011 年我国有生活垃圾收集点的行政村占 41.9%，对生活垃圾进行处理的行政村仅占 24.5%。[③] 三是乡镇企业的排放污染。20 世纪 80 年代以来，中国乡镇企业获得迅速发展，但是乡村部分乡镇企业生产工艺落后，设备陈旧，规模小，布局不合理，污染物处理能力差，其产生的污水、废气、废渣及噪声超标严重，工业污染已经严重影响乡村环境质量，对生态平衡造成严重破坏。此外，在中国的梯度发展中，越来越多高污染企业正在从东部向中西部转移，从城市向乡村转移。中西部乡村地区正在承接经济发展的环境后果。以我们调研的云南省大理州为例，在与怒江州相交界的泸水地区，就存在由东部转移来的铅锌矿企业，对两州毗邻的乡村山区生态环境造成严

① 温铁军、张孝德主编《乡村振兴十人谈：乡村振兴战略深度解读》，江西教育出版社，2018，第 86~87 页。
② 张宝莉主编《农业环境保护》，化学工业出版社，2002，第 200~214 页。
③ 黄巧云、田雪：《生态文明建设背景下的农村环境问题及对策!》，《华中农业大学学报》（社会科学版）2014 年第 2 期。

重破坏。四是区域生态环境退化。人类对荒山、滩涂、湿地等资源的不合理开发和利用，造成了水土流失、土地荒漠化、土壤盐碱化、生物多样性减少、生态失衡等环境问题，直接破坏乡村生态环境。自然生态环境被破坏，生物多样性锐减，导致受污染的乡村环境自我恢复能力减弱，乡村环境污染恶化加剧。

与此相对应，在面对和解决乡村生态环境问题时，我们需要从以下几方面入手：环境治理问题、涉农产业绿色发展问题、区域经济发展与乡村生态环境治理问题等。不难发现，解决其中任何一个生态环境问题，都离不开各利益相关方的参与和支持。上述乡村生态环境治理问题为我们提供了一个很好的观察视野和分析理路，促使我们必须深入了解相关各方不同的现实诉求和行为逻辑，客观反映在环境治理中政府、企业、社会和乡村居民等各个相关主体的利益博弈和行为过程，更客观地呈现相关者从影响到参与，再到协同治理的变迁过程，思考并设计出满足未来乡村发展需要的生态环境治理模式。

（三）研究中参与环境治理的相关主体

基层治理，简单地说就是对基层的治理，它是中国地方治理的基础所在。在理论分析和实证调研的基础上，我们认为基层治理是以乡镇、村或城郊的乡村社区为基本范围，直接面对社会和居民，依靠治理机制，发挥各种社会力量，共同解决社会公共问题的活动。基层治理主体是与社会和居民最为接近的组织，包括基层政府组织，还包括村民委员会、各种活跃在乡村基层的民间社会组织以及乡村居民个人。基层治理的内容都是与人们日常生活直接且紧密相关的各项事务，突出表现为社会管理和公共服务。乡村基层不仅是一个简单的地理空间概念，也是一个直接凸显国家权力与社会力量交互作用、既竞争又协作的空间场域。这一场域，对于国家而言，是其权力下沉得以整合乡村基层社会并获取建设资源的基础领域；对于社会而言，是其赖以存续并维持其自治空间和秩序的基本单位。在基层乡村生态环境治理中，涉及的利益相关方有基层政府、各类社会组织和乡村居民。上述参与各方的简要界定和分析如下。

1. 基层政府（包括县或乡镇人民政府、乡村基层组织等主体）

伴随着中国政府从经济建设型政府向公共服务型政府的转变，党的十六大报告首次将中国政府的主要职能定位于经济调节、市场监管、社会管理和公共服务。相应地，基层政府的责任主要有以下几点：一是延伸国家政权，确保国家对基层社会的有效动员，实现政治统治与社会整合；二是实现对基层社会的高效有序管理，维护基层社会稳定和健康发展；三是提供社会公共服务与社会保障，满足人们多方面的生活需求。① 乡村环境的强外部性特点决定乡村的环境治理必须由政府来进行统筹规划和监管保护。不仅如此，基层治理中的政府责任还包括政府能够积极地对社会民众的需求做出回应，并采取积极的措施，公正、有效率地满足公众的需求和维护公众的利益。②

2. 各类社会组织

各类社会组织不仅包括村党支部会议或村民代表会议、村民委员会等组织，还包括村民小组、乡村各类民间组织。上述两类组织分别代表自上而下的权威组织和自下而上自生的自治组织，是村级生态环境治理重要的组织形式。同时，因为各地情况不同，有些乡村地区还有环保社会组织介入当地生态环境治理，这也将纳入我们具体考察的范围。例如，我们在福建永春县的调研中发现，当地有国内第一个县域生态文明研究院这一在地化的社会组织，其是外部社会组织力量的生态嵌入行动，促使当地政府、农业合作社和村民个体共同参与生态环境治理呈现不同于其他地区的积极态势。环保社会组织是指为社会提供环境公益服务的非营利性社会组织，环保导向是其十分明显的特征。一般认为，环保社会组织分为环保社团、环保基金会、环保民办非企业三种类型。在实际运行中，政府部门发起组建的环保社会组织和学生环保社团的力量占 90% 以上，③ 这就说明环保类民间组织大都具有明显的政府背景，以永春县生态文明研究院为例，它是中国人民大学和永春县人民政府共同筹办的公益性环保机构，在具体运行中

---

① 程又中、张勇：《城乡基层治理：使之走出困境的政府责任》，《社会主义研究》2009 年第 4 期。

② 格罗弗·斯塔林：《公共部门管理》，陈宪、王红、金相文、程大中译，上海译文出版社，2003，第 145 页。

③ 谢菊、刘磊：《环境治理中社会组织参与的现状与对策》，《环境保护》2013 年第 23 期。

也会承担政府购买的第三方服务等功能，可以看作权威治理机构的延伸部门。

3. 乡村居民

乡村居民主要是指生产和生活方式集中在乡村地区的当地居民。乡村生态环境具有公共物品属性，环境治理中市场失灵与政府失灵并存，即单依靠政府主导或是市场化行为选择，都无法很好地解决现阶段乡村生态环境治理问题，因此，农民参与是有效治理乡村生态环境的必然途径。生活在乡村社区的居民是乡村生态环境的建设者和承载者，也最有可能成为环境问题的直接受害者，是乡村生态环境的核心利益相关者，是我们考察参与治理的主要行为者。目前我们掌握的实地调研材料显示，大多数乡村地区居民对于环境治理的参与还停留在被动参与阶段，即主要是接收来自上级机构的环境知识和政策宣讲以及执行既定的环境治理政策。他们的参与行为既受到外部环境影响，出现不连续和不稳定的行为特征，又受到自身环境认知和环境态度的制约，表现为对个体环境投入和效益产出的更多关注。

（四）参与治理需要考量的因素和能带来的改变

我们在乡村生态文明建设过程中考察各方力量的参与问题，是希望以此为契机，从生态环境治理切入，探讨基层政府、社会组织和村民个体等多元主体如何在面对和解决基层乡村实际问题中，形成权责分明、相互协调、有效互动的治理模式。我们期待在研究中能明确以下问题。

1. 参与治理的目标

乡村生态环境治理就是要使不同诉求的多元主体进行良性合作、博弈和互动。基层生态治理的多元主体间的关系既有合作，又有冲突。如果在生态环境治理中，能促使基层政府组织与村民自治组织在治理运行中逐渐培养出强有力的主体行为能力，就能使它们之间展开良性的互动合作。乡村基层政府是领导者，指导村民自治组织治理乡村的环境事务，其较强的领导管理能力是实现治理的保障；村民自治组织是实施者，是广泛参与基层治理事务的具体执行者，积极进行参与是实现治理的前提。只有在职能强大的乡村基层政府和村民自治组织的共同作用下，乡村社会的各种生态问题才能被有效处理，从而使乡村基层政府管理与村民自治实现双赢。

2. 参与治理的机制

乡村基层党组织是领导核心，为乡村居民参与治理提供政治保障。乡镇政府是乡村基层治理的行政管理机关，直接负责承担主要的社会管理职能，发挥主导性作用。乡村民间相关的社会组织不仅承担着基层政府下放的部分公共服务职能，还会协同村民委员会完成相应的乡村生态治理事务。乡村中的干部和广大村民是乡村基层治理的具体执行者，直接影响着互动治理的效果。因此，只有在尊重乡村居民的自主性和意愿的基础上，发挥基层政府的主导职能，才能促进不同主体之间的利益认同，从而在多元主体间建立起"基层党组织领导，乡镇政府服务、社会组织协同与村民积极参与"的各司其职、相互支持、协调合作的治理机制。

3. 参与治理的过程

不同力量共同参与生态治理并实现良性有序地运行，首先要明确乡村社会各相关治理主体的职能和责任。乡村基层政府组织是宏观领导者、引导者，要发挥其领导和引导的作用，保障乡村生态治理机制的良性运行。村民自治组织和村民是乡村基层治理的直接受益人和参与者，需要履行其参与职责，更好地管理乡村生态环境问题。各主体之间只有明确各自职责，才能有效地进行互动、衔接，使不同主体参与生态环境治理的机制有效运行。同时，要使乡村生态环境治理过程有效运行，乡村干部、社会组织成员和广大村民必须具有一定的知识文化水平，表现在生态环境治理层面，就是要具备一定的环境意识，这是治理的参与主体需要具备的基本条件。除此之外，乡村基层生态治理过程要实现良好的运行，还需要具备完备的运行程序，这是各个要素间相互协调、共同作用的结果。

三　研究框架和研究方法

（一）研究思路

本书在马克思主义指导下，综合运用环境科学、政治学、社会学、经济学以及法学等多学科的知识和方法。首先，从理论问题入手，梳理中华人民共和国成立以来党和政府的生态环境治理理念和政策。其次，从现实问题入手，通过上海市郊、福建永春、浙江丽水、云南云龙、内蒙古乌梁素海5个地方田野调查的实证材料分析不同地区乡村生态环境治理的经验做法以及存在的现实困境。同时，基于马克思主义理论、环境科学、政治学和社会学等多学科理论视角，对各个案例进行深入分析，对不同案例中蕴含的治理机制以及优化建议进行分析，在呈现丰富案例的同时，也为探索未来乡村生态文明建设提供较优方案。

（二）研究内容

1. 理论篇

综合马克思主义、环境科学、政治学和社会学等多学科的相关理论，厘清中国生态环境治理的政策脉络，作为探讨中国生态文明建设乡村实践的理论基础和政策背景。

2. 实践篇

基于已有的调研材料，遴选出上海市郊、福建永春、浙江丽水、云南云龙、内蒙古乌梁素海等 5 个地方案例，从基层政府、乡村居民、社会组织等不同治理力量在乡村生态环境治理中的作用、互动关系以及治理机制来分析不同案例生态环境治理实践的利弊和适应性。在面对乡村生态环境治理中的现实问题时，对北美、欧洲和日韩在推动乡村生态环境治理方面积累的成功经验进行研究，从中获取对当前中国生态环境治理的有益经验。在上述理论与实践结合研究的基础上，对不同案例提出一些对策性的思考和建议。

（三）实证调研的案例选择

由于自然条件、地理环境、经济结构和历史文化背景等不同，中国乡村社会差异性较大，基层治理的路径、手段、方式，甚至治理逻辑都存在不小的差别，因此，我们在分析某一个具体的治理议题时，需要深入不同地区的乡村社会，对乡村生态环境治理的实际情况进行考察。在实证调研方面，我们选取上海市郊、浙江丽水、福建永春、云南云龙、内蒙古乌梁素海等不同区域乡村生态环境治理的具体案例，对比基层政府、农业企业、社会组织和乡村居民等不同治理参与力量在乡村生态环境治理中的作用、互动关系以及治理机制，由此来分析不同案例的经验和适应性。在中国，对乡村社会开展研究时，大多数学者较为认可的研究方式便是实证调研。中国国土广阔，乡村分散分布，地区差异较大，人口众多造成的乡村非均衡性发展已成为理论界的一个共识。那么，如何对复杂多元的乡村和村民问题做出合理的概括和深入的研究，一直是从事乡村现实研究和田野调研的理论工作者需要面对的难题。具体到实证调研而言，亟须回答的两个现实问题分别是：如何选取合适的、有代表性的案例调研样本地？如何以恰当的方式进入调研地区，并以规范的方式准确地描述案例的实际情况？

1. 研究案例样本地的选取依据

上文中我们已经探讨过中国乡村的复杂性和多元性，这就决定了我们在进行实证调研中，无法回避的一个现实难题在于，如何对那么多的乡村样本进行选择。从抽样方法来讲，样本是以某种规则（如随机抽样原则）从研究总体（或调查总体）中抽取出来的。抽取样本的目的，就是要以较少的投入和较经济的原则来获取对总体的认识。从这个角度来理解，对全国乡村样本的抽取可以说是一个几乎难以完全契合理想模型的选择过程。或者换句话说，在中国任何一处乡村选取样本地都可以达到"解剖麻雀"、以小见大的作用。因为每个不同的样本地本身的独特性、情境性和复杂性足以说明它的重要性。在具体操作层面，学者们在进行实证调研时，通常会从对样本地的先验认识和田野调查进入的便利性两个角度来考虑，一般会选择自己出生和成长的家乡、有同学朋友可带入的乡村或是因为各种工作关系产生联系的乡村，这不仅因为对调研地既有情况的了解和熟悉有助于研究者更快地进入角色，更全面地掌握所要调查的内容，还因为乡土社会的熟人交往习惯，使得有居住经验和熟人带路成为能够顺利开展田野调研的前提条件。因此，我们的研究在选取样本地时，也或多或少地受到进入便利性的影响，选取了与研究者有着千丝万缕联系的几个乡村地区作为研究的实证样本。

但是正确的案例选择实际上要求研究者深入和广泛地了解相关既有文献，包括对相同或相似现象的案例研究、大样本研究、相关统计资料等。只有这样，研究者才能通过恰当的案例选择来拓展其研究结果的适用范围。因此，我们在具体选取哪些样本地作为研究的对象时仍然会严格考虑两个因素：代表性和典型性。所谓"代表性"，指的是样本的一种属性，即样本能够再现总体的属性和结构的程度。所以，样本的代表性高，把对样本的研究结论推论到总体的可靠性就高；样本的代表性低，把对样本的研究结论推论到总体的可靠性就低。我们需要明确的是任何样本的出现都有一个前提，即总体的范围和边界是清楚的，也就是说选取的这个样本是从具有明确边界的总体中抽取的，它具有的属性应该体现某一类别的现象或是反映总体情况的共性。但是针对中国乡村案例样本地的选取，我们也会发现任何一个样本地的选取都只能体现共性，而无法穷尽总体所能覆盖的全部范围。所谓"典型性"，意味着所选样本在相关维度上与总体内多数样本相同或相似，其研究目的是通过"典型"样本了解总体的通常情况。典型性不是个案"再现"总体的性质（代表性），而是个案集中体现某一类别的现象的重要特征。①

我们研究乡村生态环境治理问题时，通过考察不同乡村地区的共性和特性，选取样本地。在共性方面，我们主要考察的是不同地区的乡村社区生态环境治理的成效是否能体现平均水平或是超过大多数的平均水平。通过前期对既有研究资料和实证信息的筛查，我们认为上海市郊、浙江丽水、福建永春、云南云龙和内蒙古乌梁素海都在不同程度上取得较好的治理效果，从生态环境治理产生的经济效应、社会效应和文化效应来讲，符合我们选取样本的要求，即具有一定代表性。在特性方面，我们分别从自然地理条件、经济发展程度、政府出场方式、本土化力量、市场化程度、基层治理方式和农民现代化程度等7个维度来对不同样本地进行分析。上述几方面存在的差异决定了中国不同地区的乡村处于传统迈向现代的线性进程中的不同位置。由于传统因素和现代因素在不同乡村的分布不同，恰好反映出我们在考察乡村生态环境治理问题中相关利益主体（政府、市场、社会、村民），在参与过程中呈现的力量此消彼长的过程。因此，我们在选取样本地时会考虑不同地区在区域分布、经济发展水平、地方政府是否强有力地进入乡村社区、是否有本土化的治理力量与之相承接、乡村居民自身的环境意识等方面具有的差异性，以体现不同样本地的典型性。

2. 相对均衡的多案例样本地

我们在样本地的选取中还要包括对案例数量的考虑，无论是理论构建还是理论检验，多个样本地的案例设计能更好地发挥比较逻辑的作用，也能使案例研究成为一种更严格、更科学、更具有理论验证的研究方式。通

---

① 王宁：《代表性还是典型性？——个案的属性与个案研究方法的逻辑基础》，《社会学研究》2002年第5期。

过对多个样本地的跨案例比较，研究者能更好地辨析相关变量的作用及共性和特性情境因素。因此，如果条件允许，我们会尽可能多地深入不同乡村地区来进行调研。研究设计中我们选取了上海市郊、浙江丽水、福建永春、云南云龙、内蒙古乌梁素海5个地方，在时空分布、经济发展水平、社会成熟程度、历史文化资源和当地村民既有素质等方面争取较为全面地反映出不同乡村地区的特征。在调查中，五地也显现出明显不同的特征，可供我们进行跨案例的对比和分析。

具体而言，我们最终选取的上海、福建、浙江、云南和内蒙古等地在乡村生态环境治理方面都各有特色。上海市郊乡村较全国来讲，经济水平较为发达、市场化程度高、农副业和非农产业等多种业态并存，作为探讨超大规模城市市郊乡村产业共富模式的实践探索，对于我们研究经济较发达、市场发育较完备和组织化水平较高的乡村地区农民参与生态环境治理状况具有可类推的样本价值。福建永春位于福建省中部偏南，至今仍保存着较为完整的明清时期古民居建筑群，和东南沿海、两广地区一带的许多乡村相似，具有深厚的文化资源，保留了大量的传统宗族资源、本土化的组织资源和治理资源。2017年，永春县人民政府联合中国人民大学可持续发展高等研究院及福建农林大学海峡乡村建设学院共同设立县级生态文明智库机构——永春县生态文明研究院，其是从事非营利性社会服务的社会公益组织，依托优良的教育传统和丰厚的文化底蕴，建立可持续的生态农业形式。在如何发挥传统优势和社区资源，促进农民参与生态环境治理，建立可持续发展的乡村和农业方面，具有可借鉴的样本意义。浙江丽水在全面推进生态文明建设中，作为"两山"理念、"八八战略"初创地，深入践行"绿水青山就是金山银山"理念，不断细化生态文明建设具体举措，是首批国家生态文明先行示范区、"绿水青山就是金山银山"实践创新基地，有着"中国生态第一市"的美誉。如何使优质的生态资源优势逐渐转化为经济社会发展优势，是此类生态资源富裕地区面对的主要挑战。云南云龙地处滇西地区，是脱贫攻坚阶段全国14个集中连片特困地区之一，地貌复杂多样、垂直气候明显、资源丰富、生态系统脆弱，这一地区经济发展的落后和生态环境资源的丰富构成鲜明的对比，在中国中西部落后地区不少乡村都会和云南大理一样面对经济发展和生态保护的优先选择问题。大理实施的"三清洁"工程旨在由政府主导来带动全社会参与生态环境的保护和修复，做好脱贫攻坚和乡村振兴的有效衔接，对于我们进一步理解如何通过生态环境治理促进共同富裕的乡村振兴具有样本意义。内蒙古乌梁素海的生态环境治理是跨区域的重大生态修复和治理工程项目，其山水林田湖草生态保护修复试点工程是全国最大山水林田湖草沙生态修复试点工程，在国家"十三五"时期第三批山水林田湖草生态保护修复工程试点中排首位，是全国最大、实施最早、业态最全的山水林田湖草沙系统治理工程。这一生态治理样本反映出发挥举国体制整体应对生态环境治理问题的理念和政策路径，这为我们今后讨论以生态区域为特征的大型工程治理模式提供了有益的借鉴和思考。

同时在对多样本地的对比中，我们还要注意一个问题，即中国的城乡区划存在差异，在五地的实地调研和案例分析中，我们需要划定研究的单元，以做到跨案例对比的均衡性。分析单元由研究问题决定，一个设计好的分析单元能够为数据收集确定边界，从而使得案例研究更有针对性和更有效率。① 在案例对比研究中，研究者要告诉读者自己的分析单元，通过界定分析单元的边界以达到多案例的均衡。虽然我们在研究样本地的选择中做了很多准备工作，但是我们始终清醒地认识到中国乡村问题的复杂程度以及乡土社会语境中农民的行为方式千差万别，期待用统一的标准和模式来套用所有的可能性，在乡村治理实践中几乎是不可能的。我们可以做的是在有限的样本中，找寻不同治理主体、与治理相关的各要素在不同的村庄中的分布情况和行动逻辑，进而探究蕴含在环境治理中的内在关系和运行规律，从而把握如何协调各个主体的利益关系，引导多元主体之间建立良性互动的治理结构，促进乡村经济、社会、文化和生态的可持续发展。

（四）本书采取的研究方法

在明确实证调研的样本地后，我们所要思考的便是进入样本地开展研究的方法。所幸的是我们在进入这5个样本地前，都已对样本地情况做了较为充分的了解，在实证调研中，我们希望通过对具体的生态环境治理案例

---

① 毛基业、张霞：《案例研究方法的规范性及现状评估——中国企业管理案例论坛（2007）综述》，《管理世界》2008 年第 4 期；Miles, M. B., & Huberman, A. M. *Qualitative Date Analysis: A Sourcebook of New Methods*, Beverly Hills, CA: Sage, 1984。

进行分析，对不同地区治理机制进行对比，以达到对研究问题的深入理解。

1. 案例研究方法

本书将对乡村生态环境治理在不同地区的实践作为实证研究对象，主要采用案例研究方法对不同地区的治理机制进行分析。有效的研究方法是研究不可缺少的重要因素，否则无法对理论假设做出验证。在研究方法中，案例分析方法（case study）是其中一个重要的方法，最早源于美国，1870年由哈佛大学的兰德尔首创。这一方法后来成为社会学、经济学、政治学、公共管理学等学科常用的案例教学和研究方法，其普遍有效性获得社会科学领域大多数学科的认可。在公共政策研究领域，案例研究方法在 1944 年被哈佛大学的潘德顿运用到公共行政学中。通过案例研究，人们可以对某些现象、事物进行描述和探索，使人们能建立新的理论，或者对现存的理论进行检验、发展或修改。同时，案例研究是人们找到现存问题解决方法的一个重要途径。著名公共政策学者安德森认为，政策分析中的案例分析比量化研究要更有效。① 另一位著名公共政策学者米切尔·黑尧也认为："政策过程研究可能是案例研究，所使用的主要是定性方法。"② 在中国公共政策的研究中，需要特别注意典型案例的挖掘，只有这样，才能摆脱以往较多地以西方经典理论来解读中国实际情况或是照搬、硬搬国外理论套用在中国的乡村现实上以致"水土不服"的情况。

案例研究是公共管理研究者运用的一种主要研究方法，却常常被认为科学性不强。其面临的一项主要指责是案例研究的结果缺乏概推性，即源自一个或少数几个案例研究的结果缺乏普遍意义。概推性对案例研究者而言究竟是否为一个重要问题？案例研究的概推与传统的由样本到总体的统计概推有何异同?③ 我们在进行案例研究中要注意解决上述问题，在研究的过程中要遵循一系列严格的研究程序和使用科学化的工具，以确保研究结论的信度和效度。特别是在中国乡村问题的案例研究中，要从不同乡村地区本身具有的独特性、情境性和农民群体的多元化角度出发，重点考虑作

① 詹姆斯·E. 安德森：《公共政策制定》（第 5 版），谢明等译，中国人民大学出版社，2009，第 30~32 页。
② 米切尔·黑尧：《现代国家的政策过程》，赵成根译，中国青年出版社，2004，第 22 页。
③ 张建民、何宾：《案例研究概推性的理论逻辑与评价体系——基于公共管理案例研究样本论文的实证分析》，《公共管理学报》2011 年第 2 期。

为案例的样本地的内在重要性，认识到不同样本地的案例有助于我们对某一类别现象进行定性（或定质）认识，因而它常常与描述性、探索性和解释性研究结合在一起。① 既然是定性认识，案例研究对象所需要的就不是统计学意义上的代表性，而是质性分析所必需的典型性（在某种意义上也是一种代表性，即普遍性）。正如西蒙斯（Simons）将案例研究定义为"案例研究以多种视角深度探索'真实生活'情境中特定项目、政策、制度、方案或系统的复杂性和独特性。它以研究为基础，可采用多种方法并以证据为导向。案例研究的首要目的是通过深度理解某个具体的论题、方案、政策、制度或系统以生成知识并/或指导政策制定、专业实践及公民或社区活动"②。

因此，不论案例研究的类型是什么，我们进行案例研究的目的主要是通过"解剖麻雀"，即对具有典型意义的个案进行研究，形成对某一类共性（或现象）的较为深入、详细和全面的认识，包括对"为什么"（解释性个案研究）和"怎么样"（描述性个案研究）等问题的认识。③ 由于乡村生态环境治理这一议题是涉及全国不同层级、不同利益主体的重大公共政策，在党和政府的推动下，中央、省、市、县、乡（镇）五级政府部门都直接或间接地涉及这项事务。在同一个乡村社区内还涉及村两委、各类社会组织、市场经济中各类企业法人和乡村居民等诸多参与主体的利益。因此，以农民参与生态环境治理这一基层治理模式来透视基层治理的中国经验，是具有代表性的。同时，生态环境治理的案例是一个领域性案例，它不是单一的事件，其性质、大小和完备程度具备合理性和有效性。因此，选择这样一个复杂的案例作为本书的经验对象，对验证理论假设和做出一般经验框架阐释是有利的，能够获得方法论上的支持。

2. 进入社区的方式：参与观察、问卷法、半结构式访谈、深度访谈

在进入乡村社区进行实地调研前，我们通过查阅相关信息和文档资料等方式，大体把握样本地的自然地理情况、经济发展水平、产业结构、既有的生态环境政策以及人口分布情况等综合概况。针对不同地区的实际情

① Yin, R. K. *Case Study Research: Design and Methods(2nd ed.)*, London: Sage, 1994.

② Simons, H. *Case Study Research in Practice*, London: Sage Publications, 2009, p. 21.

③ Yin, R. K. *Case Study Research: Design and Methods(2nd ed.)*, London: Sage, 1994.

况，调整计划发放给当地村民的调研问卷、访谈提纲等前期准备的测量工作。

　　进入乡村社区后，主要采取参与观察、问卷、半结构式访谈和深度入户访谈等方法，大量走访当地政府、企业、社会组织和村民，通过多种数据的汇聚和相互验证来确认新的认识和新的发现，避免由于先入为主的偏见影响最终判断。目前调研中发现的问题是，一般在社会科学研究领域中被学者较多采用的问卷调查方法以及建立在问卷数理化分析基础上的统计方法，在我们的研究中似乎较难实现。调研问卷设计和表达中体现了规范、统一和格式化等特点，但在真正与各地村民接触中，就会发现由于文化背景、认知习惯，甚至是普通话表达等客观条件的限制，很多问卷调查不是变成我们问他们答的替填写模式，就是变成就其中某一个问题开展的访谈方式而最终未能完成问卷。不论怎样，我们在乡村社区中，都试图运用各种方法尽可能准确、全面地描绘不同地区生态环境治理的实际情况。

第二章　中华人民共和国成立初期生态环境保护的初步思考和探索

一　中华人民共和国成立初期生态环境保护的宏观背景

(一)　中华人民共和国成立初期我国经济状况

中华人民共和国成立之初，由于之前帝国主义的长期侵略和掠夺，"经济上，中华人民共和国继承的是一个千疮百孔的烂摊子。生产萎缩，生态破坏，交通梗阻，民生困苦，失业众多。国民党统治下长期的恶性通货膨胀，造成物价飞涨、投机猖獗、市场混乱"①。战争的严重破坏以及国民党反动政府的错误、腐朽统治，国家千疮百孔、百废待兴，工业结构不平衡，轻工业占比大，重工业占比小，并且主要是采矿业和生产初级原料的工厂；通货膨胀严重，百姓生活穷困潦倒。1949 年全国工农业总产值仅 466 亿元，其中农业总产值占 70%，工业总产值占 30%，现代工业产值只占 10% 左右；1949 年国民收入 358 亿元，人均国民收入仅 66 元。② 面对帝国主义的封锁和敌视，在经济方面，我国把实现工业化、加快经济发展、赶超西方资本主义国家作为发展的总目标，确立了要在 15 年左右的时间内，在钢铁和其他重工业产品的产量方面赶上和超过英国。1949 年 12 月 22 日，周恩来在对全国农业会议、钢铁会议、航务会议人员的讲话中就强调"生产是我们新中国的基本任务"③。毛泽东认为，"美国建国只有一百八十年，它的钢在六十年前也只有四百万吨，我们比它落后六十年。假如我们再有五十年、

---

① 中共中央党史研究室：《中国共产党的九十年》，中共党史出版社，2016，第 360 页。
② 邬正洪、翟作君、张静星：《中国社会主义革命和建设史（1949-1992）》，华东师范大学出版社，1993，第 5 页。
③ 《周恩来选集》（下卷），人民出版社，1984，第 4 页。

六十年，就完全应该赶过它。这是一种责任"①。这一时期，忧患意识和"超英赶美"的理念一直是我国发展的重点和动力源。为了解决我国在经济和技术上远远落后于帝国主义国家的问题，坚决维护我国的国家主权和利益，避免落后就要挨打的情况，中国共产党在中华人民共和国成立之初，就将经济工作放在政治、经济、文化等各项工作之首。1954年召开的第一届全国人民代表大会就提出了要实现工业、农业、交通运输业和国防的四个现代化任务，要动员一切力量和积极因素恢复和发展国民经济。

（二）学习效仿苏联模式

中华人民共和国成立初期，以毛泽东同志为主要代表的中国共产党人对中国经济的发展道路进行了深刻的探索，基本形成了优先发展重工业的经济发展道路。这条发展道路是在学习模仿苏联模式的基础上形成的。毛泽东深刻分析当时的国际形势并总结历史经验后提出了"一边倒"政策。在当时，以美国为主要代表的资本主义国家对中国采取封锁敌视的态度，企图将中华人民共和国扼杀在摇篮里，中国在资本主义和社会主义阵营选择了社会主义，1949年6月30日，毛泽东发表"一边倒"声明，倒向社会主义，倒向苏联，于是，刚刚成立的中华人民共和国在外交上向以苏联为首的社会主义阵营靠拢，在经济建设上也效仿苏联。苏联模式也就是斯大林模式，强调优先发展重工业，这种重工业发展模式使苏联在两个五年计划里快速实现了欧洲第一、世界第二的工业产值，并建立了完备的工业经济体系。在苏联的影响和帮助下，我们也制订了"一五"计划，选择重点发展重工业。1945年4月，毛泽东在党的第七次全国代表大会中强调"没有工业，便没有巩固的国防，便没有人民的福利，便没有国家的富强"②。陈云作为主持全国财政经济工作的财政经济委员会主任，在1955年3月党的全国代表大会上做的《关于发展国民经济的第一个五年计划的报告》中指出，"如果没有重工业，就不可能大量修建铁路，供应铁路车辆、汽车等各种运输设备"③。重工业的快速发展、以经济建设为中心的发展道路、对

---

① 《毛泽东文集》（第7卷），人民出版社，1999，第89页。
② 《毛泽东选集》（第3卷），人民出版社，1991，第1080页。
③ 朱佳木主编《陈云和他的事业——陈云生平与思想研讨会论文集》（上），中央文献出版社，1996，第287页。

苏联模式的效仿使新中国成立初期生态环境问题较为突出，亟待解决。

（三）长期战争使我国环境破坏严重

长期战争使我国自然环境遭到严重破坏，以毛泽东同志为主要代表的中国共产党人及时认识到了生态环境的重要性，着手恢复自然环境，为经济发展和社会主义建设扫清障碍。在经济上，中国共产党面临美帝国主义的封锁，需要极力发展经济巩固新生政权，而经济建设的发展又需要以良好的生态环境为条件。在外交上，推行"一边倒"政策，倒向以苏联为首的社会主义阵营，学习苏联模式，走优先发展重工业的经济发展道路，但在重工业的发展过程中出现的环境问题阻碍了经济的健康持续发展。在生态上，由于长期战争造成的生态环境破坏亟须修复，以毛泽东同志为主要代表的中国共产党人开启了中华人民共和国生态治理的工作，虽然在长期生态环境治理中没有明确提出过"生态"字眼，但在其讲话以及政策中都体现了他们敏锐的生态思想，为改革开放、社会主义现代化建设时期和新时代的生态事业奠定了实践基础，提供了理论指导。

二 中华人民共和国成立初期毛泽东生态思想的主要内容

（一）植树造林

毛泽东对林业问题的关注是毛泽东生态思想中最为重要的内容。1959年6月22日，毛泽东在同中共河南省委负责人谈话时指出，"没有林，也不成其为世界"[①]。这可谓对林业问题最高概括。中华人民共和国成立以来，对林业问题的重视一直贯穿生态建设的全程，从不同时期的讲话和提出的政策中都可以看出毛泽东对于植树造林的提倡和关注。林业的发展对社会主义建设具有极其重要的意义，树木不仅可以保持水土、湿润空气、改善气候还可以防风沙、遮阳。1949年，毛泽东主持制定的《中国人民政治协商会议共同纲领》就提出"保护森林，并有计划地发展林业"的方针。[②]1951年7月25日发布的《中共中央批转中南局关于山林经营和分配问题的

---

① 中共中央文献研究室、国家林业局编《毛泽东论林业》（新编本），中央文献出版社，2003，第69页。

② 《中国人民政治协商会议共同纲领》，人民出版社，1952，第12页。

报告》指出，要大力发动群众进行护林、育林、造林工作，特别应注意防止森林发生自然灾害。1951 年 9 月 29 日发布的《中共中央转发华东局〈关于加强林业工作的指示〉》强调，保护现有林木，禁止烧山及滥伐、滥垦，切实做到木材合理使用，并力求节约，大规模开展封山造林运动，依靠群众全面植树造林。1954 年 8 月 27 日发布的《中共中央转发林业部党组〈关于解决森林资源不足问题的请示报告〉给各地的指示》提到，要责成中央林业部会同有关各部门研究制定具体的法律草案。1955 年 10 月 11 日，毛泽东在扩大的中共七届六中全会上所做的结论中指出："农村全部的经济规划包括副业，手工业……还有绿化荒山和村庄。我看特别是北方的荒山应当绿化，也完全可以绿化……南北各地在多少年以内，我们能够看到绿化就好。这件事情对农业，对工业，对各方面都有利。"[①]

　　1956 年 3 月，毛泽东发出"绿化祖国"的号召。1958 年 1 月 4 日，毛泽东在杭州召开的中共中央工作会议上指出，"绿化。四季都要种。今年彻底抓一抓，做计划，大搞"[②]。对于绿化的标准，毛泽东对其做了判断，1958 年 4 月 3 日，毛泽东在中共中央政治局扩大会议上指出，"真正绿化，要在飞机上看见一片绿。种下去还未活，就叫绿化？活了未一片绿，也不能叫绿化""《人民日报》不要轻易宣传什么'化'"[③]。可以看出，毛泽东要求绿化工作要做实做到位，不出效果不要轻易宣传，并提出绿化造林工作是一个需要长期坚持的事情。1964 年 3 月 30 日，毛泽东在听取陕西、河南、安徽三省负责人汇报工作时指出，"前几年你们说一两年绿化，一两年怎么能绿化了？用二百年绿化了，就是马克思主义。先做十年、十五年规划，'愚公移山'，这一代人死了，下一代人再搞"[④]。绿化工作不是一两年就能做成的，需要做上百年的时间，这才体现出马克思主义实事求是的态度，绿化工作要一代人接着一代人永无止境地搞下去。对于绿化的成果，

①　中共中央文献研究室、国家林业局编《毛泽东论林业》（新编本），中央文献出版社，2003，第 25 页。
②　中共中央文献研究室、国家林业局编《毛泽东论林业》（新编本），中央文献出版社，2003，第 44 页。
③　中共中央文献研究室、国家林业局编《毛泽东论林业》（新编本），中央文献出版社，2003，第 48 页。
④　中共中央文献研究室、国家林业局编《毛泽东论林业》（新编本），中央文献出版社，第 74 页。

毛泽东也做出了要求。1958 年 8 月，毛泽东在中共中央政治局扩大会议上指出，"要使我们祖国的河山全部绿化起来，要达到园林化，到处都很美丽，自然面貌要改变过来""各种树种搭配要合适，到处像公园，做到这样，就达到共产主义的要求""农村、城市统统要园林化，好像一个个花园一样"①。园林化的城市和乡村是我们绿化工作的目标和要求，由此，1959 年，毛泽东又发出"实行大地园林化"的号召。在政策方面，1950 年 5 月 16 日，发布《政务院关于全国林业工作的指示》；1958 年 4 月 7 日，发布《中共中央、国务院关于在全国大规模造林的指示》；1963 年 5 月 27 日，发布《森林保护条例》。1967 年 9 月 23 日，毛泽东批准下发了《中共中央、国务院、中央军委、中央文革小组关于加强山林保护管理、制止破坏山林、树木的通知》。该通知指出森林既是社会主义建设的重要资源，又是农业生产的一种保障。积极发展和保护森林资源，对于我国工、农业生产具有重要意义。1973 年 11 月发布的《国务院关于保护和改善环境的若干规定（试行草案）》提出，加强对森林资源和各种防护林的管理，严禁乱砍滥伐；加强对政府划定的自然保护区的管理，认真保护野生动植物资源。

（二）兴修水利

我国是水资源较为丰富的国家之一，但水资源分布不均衡，同时一些河道年久失修，易发水患，威胁沿岸人民的生命财产。1934 年，毛泽东就提出"水利是农业的命脉，我们也应予以极大的注意"②。1949 年 9 月 29 日发布的《中国人民政治协商会议共同纲领》第 34 条指出，"在新解放区，土地改革工作的每一步骤均应与恢复和发展生产相结合……应注意兴修水利，防洪防旱"③。中华人民共和国成立后，水灾问题也严重影响农业生产和经济发展，以毛泽东同志为主要代表的中国共产党人注意到兴修水利的重要性和紧迫性，重视建设大型水利枢纽工程，先后解决了淮海、长江、黄河等地的水灾问题，为改革开放、社会主义现代化建设和新时代水利事

---

① 中共中央文献研究室、国家林业局编《毛泽东论林业》（新编本），中央文献出版社，2003，第 51 页。

② 《毛泽东选集》（第 1 卷），人民出版社，1991，第 132 页。

③ 中共中央文献研究室、中央档案馆编《建党以来重要文献选编（1921～1949）》（第 26 册），中央文献出版社，2011，第 765 页。

业奠定了坚实基础。1952 年 10 月，毛泽东视察黄河时提出，"要把黄河的事情办好""南方水多，北方水少，如有可能，借一点来是可以的"①。他首次提出南水北调的设想，以平衡我国的水资源，使水资源得到最大限度的利用。1957 年 9 月 24 日，中共中央、国务院下发的《关于今冬明春大规模地开展兴修农田水利和积肥运动的决定》提出，"积极广泛地兴修农田水利，是扩大农业生产，提高单位产量，防治旱涝灾害最有效的一项根本措施……要用生动的由于兴修水利而显著增产的事实，向干部和群众说明发展水利建设的必要性"②。1955 年冬和 1956 年春高潮时期的缺点主要是在规定水利任务时有些强迫命令的现象，工程多样性和因地制宜不够。"根据我国农田水利条件的有利特点，必须切实贯彻执行小型为主，中型为辅，必要和可能的条件下兴修大型工程的水利建设方针。"③ 1956 年 1 月 7 日，毛泽东在《对〈一九五六年到一九六七年全国农业发展纲要（草案）〉稿的修改和给周恩来的信》中指出，"兴修水利，保持水土。一切大型水利工程，由国家负责兴修，治理为害严重的河流。一切小型水利工程，例如打井、开渠、挖塘、筑坝和各种水土保持工作，均由农业生产合作社有计划地大量地负责兴修，必要的时候由国家予以协助。通过上述这些工作，要求在七年内（从一九五六年开始）基本上消灭普通的水灾和旱灾，在十二年内基本上消灭主要河流的重大水灾和旱灾"④。毛泽东同样认为水利工程建设是一项长期的工作，1959 年，毛泽东倡议，"我们要继续搞这样大规模的运动，使我们的水利问题基本上得到解决"⑤。此时，全国参加水利工程的有 7700 多万人。正是在毛泽东的支持下，我国旱涝灾害问题得到根本缓解，极大保障了人民的生命财产安全，也为改革开放、现代化建设时期的水利事业奠定了基础。

---

① 中共中央文献研究室编《毛泽东年谱》（第 1 卷），中央文献出版社，2013，第 621 页。
② 中共中央文献研究室编《建国以来重要文献选编》（第 10 册），中央文献出版社，1994，第 567 页。
③ 中共中央文献研究室编《建国以来重要文献选编》（第 10 册），中央文献出版社，2011，第 568 页。
④ 中共中央文献研究室编《毛泽东年谱》（第 2 卷），中央文献出版社，2013，第 507 页。
⑤ 《毛泽东文集》（第 8 卷），人民出版社，1999，第 127 页。

（三）节约资源

中华人民共和国刚成立时，中国是刚刚经历过长期战争、百废待兴、一穷二白的人口大国，毛泽东意识到要发扬勤俭节约的精神，坚持勤俭建国、兴国，号召大家"勒紧裤腰带加紧干"。毛泽东十分反对浪费行为，严厉谴责浪费的做法，1951 年 12 月，毛泽东在审阅《中共中央关于实行精兵简政、增产节约、反对贪污、反对浪费和反对官僚主义的决定》时指出，"浪费和贪污在性质上虽有若干不同，但浪费的损失大于贪污，其结果又常与侵吞、盗窃和骗取国家财物或收受他人贿赂的行为相接近。故严惩浪费，必须与严惩贪污同时进行。浪费的范围极广，项目极多，又是一个普遍的严重现象，故须着重地进行斗争，并须定出惩治办法"①。不仅要坚决杜绝浪费行为，还要厉行节俭，中国是一个人口大国，很多资源平均到每个人的身上就不充足了，1955 年毛泽东在《勤俭办社》中指出，"勤俭办工厂，勤俭办商店，勤俭办一切国营事业和合作事业，勤俭办一切其他事业，什么事情都应当执行勤俭的原则。这就是节约的原则，节约是社会主义经济的基本原则之一"②。将节约上升到社会主义经济的基本原则之一，可见毛泽东对节约的重视。1956 年社会主义改造完成后，毛泽东要求在全国发动增产节约运动，"必须反对铺张浪费，提倡艰苦朴素作风，厉行节约。在生产和基本建设方面，必须节约原材料"③。1957 年在《关于正确处理人民内部矛盾的问题》中，毛泽东又一次强调了节约的重要性，"我们要进行大规模的建设，但是我国还是一个很穷的国家，这是一个矛盾。全面地持久地厉行节约，就是解决这个矛盾的一个方法""要使我国富强起来，需要几十年艰苦奋斗的时间，其中包括执行厉行节约、反对浪费这样一个勤俭建国的方针"④。勤俭节约一直是中华民族的传统美德，后来我国在实践发展中更是提出建设资源节约型、环境友好型社会，将节约资源、保护环境作为我国的基本国策。

---

① 《毛泽东文集》（第 6 卷），人民出版社，1999，第 208~209 页。
② 《毛泽东文集》（第 6 卷），人民出版社，1999，第 447 页。
③ 《毛泽东文集》（第 7 卷），人民出版社，1999，第 160 页。
④ 《毛泽东文集》（第 7 卷），人民出版社，1999，第 239~240 页。

（四）利用资源

早在民主革命时期毛泽东就说过，中国革命的情况要靠中国的同志自己了解，这体现出毛泽东实事求是的思想精髓。中华人民共和国成立后，面对尽快建设新中国的重要任务，党和政府清楚全面地了解我国的资源情况，对于建设中华人民共和国是极其重要的。早在 1949 年 9 月 21 日，毛泽东在中国人民政治协商会议第一届全体会议上的开幕词中就提出，"全国规模的经济建设工作业已摆在我们面前。我们的极好条件是有四万万七千五百万的人口和九百六十万平方公里的国土"①。人口多和国土面积广是我国进行经济建设的优势，我们要充分利用和发挥这种优势。1956 年 4 月 25 日，毛泽东在《论十大关系》中指出，"天上的空气，地上的森林，地下的宝藏，都是建设社会主义所需要的重要因素，而一切物质因素只有通过人的因素，才能加以开发利用"②。对于社会主义的建设，要充分调动一切积极因素，国内国外的，党内党外的，一切工业化和经济建设都离不开自然，自然是我们进行建设的必要资源，是进行经济发展的必要前提，对工业、农业的发展和人们的生活有重要作用。毛泽东主张将一切可以利用的自然资源都利用起来，利用资源要充分，同时要实现资源的综合利用。1958 年，在武昌会议上，毛泽东指出，"还有电力不足怎么办？现在找到了一条出路，就是自建自备电厂。工厂、矿山、机关、学校、部队都自己搞电站，水、火、风、沼气都利用起来，解决了不少问题"③。1959 年，毛泽东提出，"搞社会主义建设，很重要的一个问题是综合平衡"④。"大跃进的重要教训之一、主要缺点是没有搞平衡。说了两条腿走路、并举，实际上还是没有兼顾。在整个经济中，平衡是个根本问题。"⑤ 早在工业化刚开始阶段，毛泽东就强调过，要综合平衡发展工业，对于废水、废液和废气都是可以利用起来的，要将废的东西转化为有用的东西。1960 年 4 月 13 日，毛泽东提

---

① 《毛泽东文集》（第 5 卷），人民出版社，1996，第 345 页。
② 《毛泽东文集》（第 7 卷），人民出版社，1999，第 34 页。
③ 《毛泽东文集》（第 7 卷），人民出版社，1999，第 445~446 页。
④ 《毛泽东文集》（第 8 卷），人民出版社，1999，第 73 页。
⑤ 《毛泽东文集》（第 8 卷），人民出版社，1999，第 80 页。

出，"废水、废液、废气，实际都不废，好像打麻将，上家不要，下家就要"①。毛泽东这种对废弃资源的转化利用思想也为我国后来倡导的循环经济奠定了思想基础。

三 中华人民共和国成立初期生态环境治理政策

（一）绿化祖国，美化环境

1950年2月28日，在北京召开首届全国林业业务会议，林垦部部长梁希在报告中指出，"我国森林面积只占土地面积百分之五，因此经常发生水患灾害和风沙，大部分地区还没有停止破坏和滥伐森林的行动"②。其对于当时的林业工作做出了部署，指出林业工作的方针是"普遍护林，重点造林"。1950年3月19日，林垦部发布《关于开展春季造林的指示》，该指示对植树造林工作提出了六点要求"一、植树造林宜在春耕以前及早着手……二、应在山荒、沙荒犯风地区、沿公路铁路，选择重点，制订具体计划……三、封山育林为绿化荒山、涵养水源、防止水灾的治本方法……四、油桐、樟、茶、漆、乌桕、核桃、栗、梨、杏、花椒、枣等特用树种……应分别地区，奖励农民，利用隙地，大量培植。五、在燃料缺乏的都市近郊则宜有重点的培植生长迅速的薪炭林，供给燃料所需，以便从根本上解决滥伐树木、任意樵采的事件。六、在造林重点缺乏树苗地区，应注意抓紧季节，开展育苗工作……辅助私营与合作苗圃"③。1950年5月16日，政务院发布《政务院关于全国林业工作的指示》，该指示提出了1950年的林业工作方针任务，并要求完善组织机构与领导机构，"选择重点，发动群众，斟酌土壤气候各种情形，有计划地造林。同时，应制订各林区的合理的采伐计划，并推行节约木材的社会活动"④。1950年8月4日，中共中央转发华东局《关于禁止盲目开荒及乱伐山林的指示》，其中指出，"一年来，各地开荒，扩大耕地面积，获得了成绩。但由于缺乏领导，产生乱

① 中共中央文献研究室编《毛泽东年谱》（第4卷），中央文献出版社，2013，第373页。
② 《全国林业业务会议闭幕 梁希指示当前工作方针：普遍护林，重点造林》，《人民日报》1950年3月12日。
③ 《中央人民政府林垦部发布指示 开展春季造林运动 要求各级政府加强组织领导保证完成任务》，《人民日报》1950年3月20日。
④ 《重视森林、保护森林》，《人民日报》1950年5月17日。

伐山林、放火烧山开荒、与水争地现象，致使不少地区山林遭到破坏，对水利、气候产生不利影响"①。1951 年 8 月 31 日政务院发布《关于扩大培植橡胶树的决定》，决定在广东、广西、云南、福建、四川等五省区发展橡胶树种植，并提出五年种植计划。② 1951 年 2 月 14 日，林业部召开全国林业业务会议，会上提出 1951 年的林业方针为"试行普遍护林护山；选择重点进行封山育林，典型示范逐步推广"③。1953 年 3 月 4 日，林业部发布了《关于护林防火的指示》，其中要求严明奖惩，严格执行分区分段按级别负责制、大力发动群众、改变烧耕习惯。在少数民族地区提高觉悟加强宣传，同时收购木材照顾民众困难，改变烧垦、滥垦、烧山的习惯。④ 1956 年 1 月 31 日，林业部发布了《国有林主伐试行规程》，其中分别对伐区拨交、采伐方式、森林采伐部门的义务、采伐情况的检查与伐区收回等做出具体规定。⑤ 1956 年，林业部出台《12 年绿化全国的初步规划》，提出美化环境的概念和计划。⑥ 1956 年 10 月 15 日，林业部召开第七次全国林业业务会议，提出要搞好山区生产规划和绿化规划。⑦ 1956 年 12 月 27 日，林业部正式颁发《森林抚育采伐规程》，该规程规定了森林抚育采伐的种类、一般原则及采伐工作实施条例等。⑧

（二）兴修水利，防灾减害

1949 年 6 月，黄河水利委员会成立，统一治理黄河工作。1950 年 2 月，长江水利委员会成立，在长江流域和澜沧江以西区域内行使水行政管理职责。1950 年 5 月 29 日，中南区防汛指挥部成立。1950 年 6 月 3 日，中央防

---

① 当代中国研究所编《中华人民共和国史编年（1950 年卷）》，当代中国出版社，2006，第 574 页。
② 当代中国研究所编《中华人民共和国史编年（1955 年卷）》，当代中国出版社，2006，第 589 页。
③ 《全国林业会议闭幕 确定今年工作方针和任务》，《人民日报》1951 年 3 月 4 日。
④ 《中央林业部发出关于护林防火的指示》，《人民日报》1953 年 3 月 5 日。
⑤ 当代中国研究所编《中华人民共和国史编年（1956 年卷）》，当代中国出版社，2011，第 68 页。
⑥ 《林业部提出 12 年绿化全国的初步规划》，《人民日报》1956 年 1 月 18 日。
⑦ 当代中国研究所编《中华人民共和国史编年（1956 年卷）》，当代中国出版社，2011，第 672 页。
⑧ 当代中国研究所编《中华人民共和国史编年（1956 年卷）》，当代中国出版社，2011，第 843 页。

汛总指挥部成立。1950 年 10 月，政务院颁布《政务院关于治理淮河的决定》，将"蓄泄兼筹"确立为根治淮河的基本方针，并针对上中下游的工作等做出安排。1950 年 8 月 25 日，水利部召开治淮会议，提出"由华东、中南各有关地区在现有淮河水利工程总局的基础之上，组成治淮委员会，统一领导治淮工作"①。1950 年 1 月 22 日，黄河水利委员会在开封召开 1950 年治黄工作会议，确立了当年的防汛工作目标，积极兴修小型水利设施，发展沿岸农业。② 1951 年，为治理淮河，加强管理，成立了治淮委员会。1951 年 2 月 13 日，政务院发布了《政务院关于一九五一年农林生产的决定》，其中指出，"必须领导广大农民群众和各种灾害作斗争……进行治河修堤、开渠挖塘"③。1954 年 11 月，黄河水利委员会召开了水土保持会议，做出在黄河流域推行水土保持的规划，研究解决水土流失问题。④ 1955 年发布的"一五"计划提出要通过商定规划、建成中下游蓄洪垦殖和分洪工程的办法继续加强对长江的治理。⑤ 1955 年 3 月 15 日，中共中央转发了《关于进一步开展水土保持工作的总结报告》，批文中指出各省委要根据这个报告研究拟定全省水土保持工作的全面规划，采取因地制宜的水土保持措施。⑥ 1955 年 7 月，一届全国人大二次会议通过了《关于根治黄河水害和开发黄河水利的综合规划的决议》，批准了国务院对治理黄河的根本原则和基本内容。⑦ 1955 年 10 月 10 日，召开了第一次全国水土保持工作会议，会议指出在统一规划、综合开发的原则下，紧密结合合作化运动，充分发动群众，加强科学研究和技术指导，因地制宜大力蓄水保土，努力增产粮食，

① 《水利部召开治淮会议 决定今冬以勘测为重心明春全部动工 淮河入海水道查勘团已由扬州出发》，《人民日报》1950 年 10 月 16 日。
② 《黄河水利委员会 在开封召开治黄会议 决定加强堤坝工程大力防汛 兴修水利帮助沿河发展生产》，《人民日报》1950 年 2 月 5 日。
③ 中共中央文献研究室编《建国以来重要文献选编》（第 2 册），中央文献出版社，1992，第 32 页。
④ 当代中国研究所编《中华人民共和国史编年（1954 年卷）》，当代中国出版社，2009，第 820 页。
⑤ 中共中央文献研究室编《建国以来重要文献选编》（第 6 册），中央文献出版社，1993，第 405 页。
⑥ 中共中央文献研究室编《建国以来重要文献选编》（第 6 册），中央文献出版社，1993，第 91 页。
⑦ 中共中央文献研究室编《建国以来重要文献选编》（第 7 册），中央文献出版社，1993，第 33 页。

全面发展农、林、牧业生产，最大限度地合理利用水土资源，以实现建设山区、提高人们生活水平、根治河流水害和开发河流水利的社会主义建设的目的。① 1956 年，长江流域规划办公室成立，主要进行三峡工程的研究设计工作。

（三）勤俭节约，反对浪费

1950 年 2 月 6 日，《中共中央转发中南局关于下级政府与群众团体浪费情况的电报》指出，"在此财政困难，灾荒、春荒严重的情况下，不领导群众节衣缩食、生产度荒，反而同意或领导群众铺张浪费，各种风习任其泛滥是危险的，将引导群众走向错误道路。必须引起当地同志严重注意，有效改正"②。1950 年发布的《关于统一国家财政经济工作的决定》指出，党中央对企事业单位和社会团体在工作时的浪费现象应该做出具体的规定。③ 1951 年 11 月 20 日，《中共中央批转高岗关于开展增产节约运动进一步深入反贪污反浪费反官僚主义斗争的报告》要求，"重视这个报告中所述的各项经验，在此次全国规模的增产节约运动中进行坚决的反贪污、反浪费、反官僚主义的斗争……检查所属的情况，总结经验，向上级和中央作报告"④。1951 年 12 月 1 日，中共中央下发的《关于实行精兵简政、增产节约、反对贪污、反对浪费和反对官僚主义的决定》指出，"增产节约是积累资金、取得经验、加速经济建设的主要办法……厉行节约，以初步地实现毛主席所号召的'一个普遍高涨的爱国增产运动'"⑤。1955 年 7 月 4 日，中共中央颁布的《关于厉行节约的决定》提出，"厉行节约，反对浪费，是全国普遍的长期的经常的政治任务，应动员全党，团结全国人民，发扬艰苦奋斗的

---

① 《农业部、林业部、水利部和中国科学院 联合举行全国水土保持工作会议》，《人民日报》1955 年 10 月 29 日。

② 中央档案馆、中共中央文献研究室编《中共中央文件选集》（第 2 册），人民出版社，2013，第 136 页。

③ 中共中央文献研究室编《建国以来重要文献选编》（第 1 册），中央文献出版社，1992，第 130 页。

④ 中央档案馆、中共中央文献研究室编《中共中央文件选集》（第 7 册），人民出版社，2013，第 237 页。

⑤ 中央档案馆、中共中央文献研究室编《中共中央文件选集》（第 7 册），人民出版社，2013，第 301~302 页。

作风，养成节约风气，为有成效地实现这一任务而奋斗"①。1955 年 7 月 30 日，中共中央发布的《中共中央对建筑工程部党组关于贯彻中央厉行全面节约指示的报告的批示》要求，改善材料的供应和保管工作，减少材料的消耗与损失，争取降低成本。② 1955 年 8 月 20 日，《人民日报》发表《在工业生产中大力节约原材料》的社论，其中指出要降低工业产品的成本。

（四）治理卫生，爱国运动

1950 年，北京市设立公共卫生局，这是首个城市卫生工作行政机构，主管医政、药政及医疗、防疫等工作。③ 1951 年 9 月 9 日，中共中央批转《关于全国防疫工作的综合报告》，批文中指出，"各级党委对于卫生、防疫和一般医疗工作的缺乏注意，是党的工作中一项重大缺点，必须加以改正，今后必须把卫生、防疫和一般医疗工作看做一项重大的政治任务，极力发展这项工作，对卫生工作人员必须加以领导和帮助。对卫生工作必须及时加以检查"④。1952 年 12 月 31 日，政务院发布的《关于一九五三年继续开展爱国卫生运动的指示》指出，"无论在城市、农村、工厂……应更加普遍深入地发动群众，进行清除垃圾、疏通沟渠、填平洼地……大力进行卫生宣传教育……"⑤ 1953 年，卫生部组建卫生监督室来解决建设城市过程中的规划设计问题以及工业的废水、废气、废渣问题。1953 年 9 月 4 日，中共中央发布的《关于城市建设中几个问题的指示》提到，"重要工业城市规划工作必须加紧进行"⑥。1953 年 1 月，中央爱国卫生运动委员会发出《关于进行春季爱国卫生突击运动的指示》，其中指出春季爱国卫生突击运动的主

---

① 中央档案馆、中共中央文献研究室编《中共中央文件选集》（第 19 册），人民出版社，2013，第 423 页。
② 中央档案馆、中共中央文献研究室编《中共中央文件选集》（第 19 册），人民出版社，2013，第 475～476 页。
③ 当代中国研究所编《中华人民共和国史编年（1950 年卷）》，当代中国出版社，2006，第 5 页。
④ 中央档案馆、中共中央文献研究室编《中共中央文件选集》（第 7 册），人民出版社，2013，第 24 页。
⑤ 《中央人民政府政务院关于一九五三年继续开展爱国卫生运动的指示》，《人民日报》1953 年 1 月 4 日。
⑥ 中央档案馆、中共中央文献研究室编《中共中央文件选集》（第 13 册），人民出版社，2013，第 258 页。

要任务是清除冬季积存的污秽、清除病媒昆虫滋生繁殖场所、疏通沟渠、填平污水坑，强调要发动群众、制订计划、以艺术形式做好宣传鼓励工作。① 1954 年 4 月 8 日，中共中央批转《卫生部党组关于四年来卫生工作的检讨和今后方针任务的报告》，批文指出，"卫生工作对于发展生产、巩固国防、增进人民健康，极关重要，今后各级党委务必加强对这方面的领导"②。1956 年，我国制定《工业企业设计暂行卫生标准》和《关于城市规划和城市建设中有关卫生监督工作的联合指示》，同时，政府出台"综合利用工业废物"的方针政策防治工业过程中的污染。

四　中华人民共和国成立初期生态建设特征

（一）以人民生态需要为导向

为人民提供一个良好的宜居生活环境、满足人民群众对生态环境的需要是新中国成立初期生态环境治理的根本出发点。毛泽东继承并发展了马克思关于人与自然的关系是辩证统一的基本观点，追求人与自然的和谐共生。在生态治理过程中坚持以人为本、造福人民，一是提倡节约，这是因为节约可以增产，促进经济发展，提高人民的生活质量。二是提倡植树造林、绿化祖国，这是为了改善生态环境，为子孙后代着想。三是提倡兴修水利，这是为了保护沿河沿岸农田，保护沿河沿岸人民群众的生命财产安全。四是提倡综合利用资源，这是为了加快社会主义建设，提高人民生活、生产幸福度。1958年，毛泽东提出要将祖国的河山全部绿化起来，达到一个在飞机上可以看到大片大片的绿的效果，美化中国，使人民的生活环境都是绿化的，这样做的根本目的是使人与自然达到一种和谐、平衡，提高人们的生活质量，创造自然之美、城市之美、乡村之美，以人们的生态需要为本进行生态文明建设。毛泽东在生态文明建设和治理过程中，处处体现着为人民服务的宗旨和以人为本的根本立场，善于从人民群众利益的角度思考，满足人民群众对于生态环境的切实需要，促使人民群众生活在良好的生态环境之下。坚持以人民群众的生态需要为导向，生态环境治理工作就一定能实施好。

---

① 《中央爱国卫生运动委员会指示进行春季爱国卫生突击运动》，《人民日报》1953 年 1 月 31 日。
② 中央档案馆、中共中央文献研究室编《中共中央文件选集》（第 16 册），人民出版社，2013，第 13 页。

（二）以保证经济发展为目标

中华人民共和国成立之初，以毛泽东同志为主要代表的中国共产党人带领全党全国各族人民进行社会主义改造，建立起社会主义基本制度，基于中国的具体国情，确定了经济建设的方针和政策，将国家的工作重心放到经济建设和技术革命上来。通过学习苏联模式，走重工业优先发展经济建设道路，开始实行"一五"计划。1954年9月，毛泽东在第一届全国人民代表大会第一次会议中指出，"准备在几个五年计划之内，将我们现在这样一个经济上文化上落后的国家，建设成为一个工业化的具有高度现代文化程度的伟大的国家"①。在经济发展过程中，尤其是重工业的发展，出现严重的资源浪费和环境污染问题。中国是人口大国和资源大国，人均资源占有量排名靠后，如果不对环境加以治理，会严重阻碍经济的健康持续发展。毛泽东等领导人就经济社会发展过程中出现的生态环境和资源利用问题提出了许多有价值的观点，开启了中华人民共和国的环境治理工作。在进行生态文明建设过程中，经济建设依然是社会主义建设的核心任务，生态建设要服务于经济建设，健康良好的生态环境能够促进经济持续发展，生态环境治理的核心还是处理生态环境与经济发展之间的关系，将生态环境看作经济建设中的一个问题，并未将生态问题看作社会主义建设过程中需要独立处理的问题。

（三）以人民群众为实施主体

人民群众是历史的创造者，是社会实践的主体，这是马克思的基本观点。中国共产党从诞生之日起就学习与继承马克思主义的群众史观，认识到人民群众的强大力量，坚持以人民立场为根本立场，在中国革命、建设与改革中始终依靠群众、动员群众。正如毛泽东所说："人民群众有无限的创造力。他们可以组织起来，向一切可以发挥自己力量的地方和部门进军，向生产的深度和广度进军，替自己创造日益增多的福利事业。"② 在新中国成立初期，通过依靠和发动人民群众进行国民经济的恢复、社会主义建设，在生态环境建设方面，依旧充分发挥人民群众的作用与力量，带动和引导

---

① 《毛泽东文集》（第6卷），人民出版社，1999，第350页。
② 《毛泽东选集》（第3卷），人民出版社，1991，第394页。

人民群众进行生态环境治理。1952 年 3 月，中央就防疫工作做出指示，"当前防疫工作的重要环节就是开展群众性的防疫卫生运动，发动群众灭蝇、灭蚤、灭虱、灭鼠、清除垃圾、保护水源、整理环境卫生、养成个人良好卫生习惯等"①。同时，提出防疫工作是群众运动，要发挥群众的主体作用。1958 年 2 月，中共中央、国务院发布的《关于开展除四害、讲卫生的指示》指出，"群众力量与技术力量相结合，使突出工作和经常工作相结合"②，在爱国运动中发挥群众的力量促进个人和社会的卫生，将中国人民都调动起来参与其中。中华人民共和国成立初期，以群众运动的方式推动了国家生态环境建设事业的健康有效发展，改善了生态环境，人民群众在生态环境建设中发挥了积极的重要作用，广泛的群众基础是环境治理顺利进行的必要条件。

（四）以动员号召为主要手段

中华人民共和国成立初期，由于战争的长期破坏和频繁的自然灾害，我国的生态环境较为恶劣，在生态治理过程中，多以运动号召的形式来发动人民群众进行生态环境保护运动。社会动员具有深厚的实践基础和丰富的实践经验，早在革命时期，中国共产党就通过组织、动员、号召人民群众进行革命和实践，通过依靠人民群众探索了一条使中国革命走向成功的可行路径。中华人民共和国成立后，社会动员也是中国共产党发动群众、组织群众、集聚社会资源、带动社会参与的重要途径。动员号召的手段更注重宣传和行政的作用，通过政治口号来调动人民群众参与环境保护运动的积极性和主动性，激发人民群众的运动热情，"善于把党的政策变为群众的行动，善于使我们的每一个运动，每一个斗争，不但领导干部懂得，而且广大的群众都能懂得，都能掌握，这是一项马克思列宁主义的领导艺术"③。1951 年 12 月，中央做出"三反"运动的决定，进行反腐败、反浪费、反官僚主义的斗争，采取了充分发动和号召群众的办法，调动了广大人民群众参与反腐败、反浪费、反官僚主义斗争的积极性。1951 年，在淮

---

① 中共中央宣传部办公厅、中央档案馆编研部编《中国共产党宣传工作文献选编：1949—1956》，学习出版社，1996，第 341 页。
② 《建国以来重要文献选编》（第 11 册），中央文献出版社，1995，第 167 页。
③ 《毛泽东选集》（第 4 卷），人民出版社，1991，第 1319 页。

河流域遭受特大水灾后毛泽东发出"一定要把淮河修好"的号召。1952 年
10 月，针对黄河问题，毛泽东又发出"要把黄河的事情办好"的号召，提
出要在黄河的中上游修建水利解决水灾问题。1956 年 3 月，毛泽东向全国
发出了"绿化祖国"的号召，在"绿化祖国"的号召和推动下，大规模植
树造林、绿化祖国的活动由此展开。1958 年，在中共中央政治局扩大会议
上号召"要使我们祖国的河山全部绿化起来"。① 1959 年 3 月，毛泽东进一
步发出"实行大地园林化"的号召，为我国林业的恢复建设和全面发展指
明了方向。

---

① 中共中央文献研究、国家林业局编《毛泽东论林业》（新编本），中央文献出版社，2003，
第 73 页。

第三章 改革开放时期生态环境治理的新探索

一 改革开放时期生态环境治理理论的产生背景

"大跃进"和"文革"期间,各地乱砍滥伐,严重破坏了生态环境,导致水土流失、土地荒漠化、沙化等灾害频发,生态环境的恶化不仅对人民的生活质量和生命财产安全产生威胁,也严重阻碍了经济的持续健康发展。改革开放后,我国的社会主义建设中心转移到经济上来,经济规模不断扩大,过于重视经济的发展忽略了环境问题,经济发展与环境资源匮乏之间的矛盾不断加剧,我国生态环境面临较大压力。在国际方面,联合国在1972 年召开的斯德哥尔摩人类环境会议和 1992 年召开的里约热内卢环境与发展大会上,对可持续发展进行了定义和倡导。面对历史遗留状况和现实导致的严重环境问题,以邓小平同志为主要代表的中国共产党人着手治理环境问题,着重于处理好经济发展与环境的关系问题。

(一)社会主义建设时期的经验与教训

中华人民共和国成立初期,我国将中心任务放在国民经济的恢复和巩固新生政权上,在生态方面,以毛泽东同志为主要代表的中国共产党人注重植树造林、兴修水利,提出要对资源进行综合利用和对人口进行控制。这在一定程度上缓解了长期战争导致的生态环境问题,社会主义建设阶段形成的关于生态环境治理的理论和实践都为改革开放时期的生态环境问题解决奠定了基础。

(二)经济快速发展带来新的环境问题

改革开放初期,党和国家将重心从"以阶级斗争为纲"转移到经济建设中来,党和国家抓紧恢复民生,着重抓经济发展迫切要改变经济发展落后的局面，这一时期环境问题被忽视。邓小平同志在全面深刻分析我国的基本国情后，提出社会主义初级阶段的理论，他指出我国处于社会主义初级阶段，处于不发达状态，整个初级阶段都要以经济建设为中心，大力发展生产力，指出社会主义的本质就是解决和发展生产力。为进一步解放和发展生产力，我国进行经济体制改革，形成了以公有制为主体、多种所有制经济共同发展的基本经济制度，激发了经济活力，由此 20 世纪 80 年代我国经济平均实际增长率为 9.32%，90 年代经济平均实际增长率为 10.45%。[①] 然而，由于当时我们追求经济发展的规模和速度，注重经济效益，企业缺少处理污染物的设备和技术，在经济发展过程中排放工业废水、污水到河流之中；煤炭燃烧的大量浓烟排到空气中造成严重空气污染。工业生产的废渣排到农田造成土壤污染。粗放型经济发展模式造成严重的环境污染问题。

（三） 全球领域加大对生态问题的关注

1972 年 6 月，联合国人类环境会议在瑞典召开，这是人类历史上第一次全球讨论人类环境保护问题的大会。会议通过《人类环境宣言》，这是人类历史上第一个保护环境的全球性宣言，激励和引导各国对于环境问题的重视和处理，并为国际环境保护提供了规范，为各国国内环境发展指明方向。《人类环境宣言》指出，必须委托适当的国家机关对国家的环境资源进行规划、管理或监督，以提高环境质量。这就提高了国家对于环境保护的责任和作用。《人类环境宣言》给予中国的不仅仅是对于环境问题的全新理解，也让中国逐渐认识到环境治理的方向和方法，即"在国内，必须逐步加深对环境问题的认识程度，加大对环境问题的治理力度；而在国际上，则必须与他国展开合作，必须与发展中国家一起，为争取自身的利益做合法斗争"[②]。中国派代表参加了这次会议，了解了环境保护的重要性和治理方向，纠正了以往国内对于污染问题是意识形态问题的错误观点。20 世纪80 年代后期掀起世界范围的第二次环保主义高潮，引发公众对环境问题的

---

① 根据中华人民共和国国家统计局 1980~1999 年发布的关于国民经济和社会发展的统计公报数据计算得出。

② 占光：《论斯德哥尔摩人类环境会议对中国环境治理的影响》，《当代世界》2010 年第 1 期。

高度关注。1992 年，在巴西里约热内卢召开联合国环境与发展大会，会议围绕全国环保和消费模式、人口问题等议题展开讨论，多数国家要求建立全球环境保护机制并加强现存环境保护机制，发展中国家指责各国不可持续的生活方式和消费模式是造成全球环境不断恶化的原因。此次会议签署了《21 世纪议程》，通过了《里约环境与发展宣言》和《关于森林问题的原则声明》。联合国环境与发展大会是联合国成立以来规模最大、级别最高、影响最深远的国际会议，此次会议促进了全球生态环境保护意识的觉醒，并促进了各国对可持续发展的认识，尤其是发展中国家，深刻认识到环境问题对人类生存的威胁性以及解决本国环境问题的迫切性。1994 年 3 月，我国通过《中国 21 世纪议程》将可持续发展总体战略上升为国家战略。

二　改革开放时期邓小平环境保护理论的内涵及实施路径

（一）植树造林，保护环境

以毛泽东同志为主要代表的中国共产党人十分重视植树造林的工作，认为树林对于生态调节具有重要的作用。邓小平继承并发展了毛泽东对于林业的思想，非常关心全国范围的绿化工作。1978 年，中共中央、国务院做出在我国西北、华北北部和东北西部建设三北防护林体系的重大决策，并将这项大型人工林业生态工程列为国家经济建设的重要项目。1979 年 2 月召开的第五届全国人大常委会第六次会议通过《中华人民共和国森林法（试行）》，确定每年 3 月 12 日为中国的植树节。1981 年 6 月，四川发生特大水灾，多个沿江的城市受灾，损失非常严重，这次洪水还造成严重的次生灾害，洪水过后到处留下泥沙砾石，有的厚 66.67 厘米以上。正是由于之前几十年的乱砍滥垦，四川暴雨地区森林遭到毁灭，大肆陡坡开荒，植被被彻底破坏，农田水利年久失修，水土流失严重。针对这次特大洪灾，邓小平指出，"最近发生的洪灾涉及林业问题，涉及森林的过量采伐。看来宁可进口一点木材，也要少砍一点树。报上对森林采伐的方式有争议。这些地方是否可以只搞间伐，不搞皆伐，特别是大面积的皆伐。中国的林业要上去，不采取一些有力措施不行。是否可以规定每人每年都要种几棵树，比如种三棵或五棵树，要包种包活，多种者受奖，无故不履行此项义务者受罚。国家在苗木方面给予支持。可否提出个文件，由全国人民代表大会通过，或者由人大常委会通过，使它成为法律，及时施行"①。他提出通过义务植树的方式来保护和发展资源，可以通过增加进口森林资源的方式来弥补森林资源的短缺，总之，不能再过量地砍伐森林。

邓小平是义务植树的倡导者，在他的领导和建议下，1981年第五届全国人民代表大会第四次会议通过了《关于开展全民义务植树运动的决议》，使义务植树变成了每一个中国公民的法定义务，将植树造林变为全国性的活动。1982年2月27日，国务院颁布了《关于开展全民义务植树运动的实施办法》。1982年11月，邓小平在全军植树造林总结经验表彰先进大会上题词"植树造林，绿化祖国，造福后代"②。同年11月15日，邓小平在会见美国前驻华大使伍德科时指出，"我们准备坚持植树造林，坚持它二十年、五十年。这个事情耽误了，今年才算是认真开始。特别是在我国西北，有几十万平方公里的黄土高原，连草都不长，水土流失严重。黄河所以叫'黄'河，就是水土流失造成的。我们计划在那个地方先种草后种树，把黄土高原变成草原和牧区，就会给人们带来好处，人们就会富裕起来，生态环境也会发生很好的变化"③。对于植树造林的期限，1983年，邓小平参加北京十三陵造林基地义务植树活动时指出，要"植树造林，绿化祖国，是建设社会主义、造福子孙后代的伟大事业，要坚持二十年，坚持一百年，坚持一千年，要一代一代永远干下去"④。植树造林是一件千秋大业，不能只坚持一段时间，要持之以恒地坚持下去。全民义务植树运动开展40多年来，我国绿化工作取得巨大成效。1981年，中国森林面积为17.29亿亩，活立木蓄积量为102.6亿立方米，森林覆盖率为12%。⑤ 经过多年努力，截至2022年，中国森林面积为34.65亿亩，森林覆盖率为24.02%。⑥

---

① 中共中央文献研究室、国家林业局编《新时期党和国家领导人论林业与生态建设》，中央文献出版社，2001，第2页。
② 《邓小平文选》（第3卷），人民出版社，1993，第21页。
③ 《邓小平年谱（1975—1997）》（下），中央文献出版社，2004，第867页。
④ 国家环境保护总局、中共中央文献研究室编《新时期环境保护重要文献选编》，中央文献出版社、中国环境科学出版社，2001，第39页。
⑤ 《一条符合中国国情的绿化之路——写在第29植树节》，中国政府网，2007年3月11日，https://www.gov.cn/jrzg/2007-03/11/content_548176.htm。
⑥ 《2022年中国国土绿化状况公报》，人民网，2023年3月16日，http://cpc.people.com.cn/n1/2023/0316/c64387-32645296.html。

（二）治理污染，节约能源

在改革开放后的很长一段时间内，我国一直是高耗能、高污染的经济发展方式，这种粗放的发展方式只注重社会效益，不重视对环境的污染破坏，产生严重的环境污染问题。邓小平及时注意到了这个问题，提出要通过科技创新发展经济，走集约高效的发展道路。环境破坏容易，但治理起来却十分困难，中国决不能走发达国家"先污染，后治理"的老路。1975年8月，国家计划委员会起草的《关于加快工业发展的若干问题》规定，"要搞好劳动保护，做到安全生产，消除'三废'污染，保护环境，保护职工身体健康"①。1978年，邓小平在视察大庆油田时提出，一定要处理好工业发展过程中的污染问题，"一定要把三废处理好。我们的化学工业三废问题都没有解决好，上海金山工程处理不好，很多废物排放到海里，鱼都没有了，污染很大"②。1978年底，中共中央在批转《环境保护工作汇报要点》的通知中指出，"对于那些严重污染环境，长期不改的，要停产治理，并追究领导责任，实行经济处罚，严重的给予法律制裁"③。邓小平针对1978年漓江景区水污染事件做出指示，"桂林漓江的水污染得很厉害，要下决心把它治理好。造成水污染的工厂要关掉。'桂林山水甲天下'，水不干净怎么行？"④

1979年4月17日，邓小平在中共中央政治局中央工作会议各组召集人汇报会上指出，"全国污染严重的第一是兰州。桂林一个小化肥厂，就把整个桂林山水弄脏了，桂林山水的倒影都看不见了。北京要种草，种了草污染可以减少。所有民用锅炉，要改造一下，统一供热，一是节约燃料，二是减少污染。这件事要有人抓，抓不抓大不一样。要制定一些法律。北京的工厂污染问题要限期解决"⑤。1981年2月，国务院出台文件《关于在国民经济调整时期加强环境保护工作的决定》指出，"我国环境的污染和自然

① 《邓小平年谱（1975—1997）》（下），中央文献出版社，2004，第375页。
② 《邓小平年谱（1975—1997）》（上），中央文献出版社，2004，第652页。
③ 国家环境保护总局、中共中央文献研究室编《新时期环境保护重要文献选编》，中共中央出版社、中国环境科学出版社，2001，第3页。
④ 《邓小平年谱（1975—1997）》（下），中央文献出版社，2004，第397页。
⑤ 《邓小平年谱（1975—1997）》（上），人民出版社，2004，第506页。

资源、生态平衡的破坏已相当严重，影响人民生活，妨碍生产建设，成为国民经济发展中的一个突出问题。必须充分认识到，保护环境是全国人民的根本利益所在"①。1983年2月，国务院在防治工业污染的相关规定中要求，"对现有工业企业进行技术改造时，要把防治工业污染作为重要内容之一，通过采用先进的技术和设备，提高资源、能源的利用率，把污染物消除在生产过程之中"②。邓小平不仅要求大力治理污染问题，还将治理污染、环境保护列为考察地方水平的重要标准之一，"废水、废气污染环境，也反映管理水平"③。同时他认为在乡村提倡使用沼气，这是解决乡村污染的重要办法之一，"沼气能煮饭，能发电，还能改善环境卫生，提高肥效"④。

（三）利用制度和法治进行生态文明建设

在改革开放以前，我们虽然在生态治理方面制定了很多的措施和规定，但在贯彻执行方面并没有一以贯之，在"大跃进"和"文革"期间，一些生态政策和措施被打断和搁置了，生态环境治理停滞了，生态环境问题越发严重。以邓小平同志为主要代表的中国共产党人汲取教训，更加注重生态文明建设的法制建设工作，用严格的法律法规来确保生态环境的建设。1973年，我国第一次召开环境保护会议，颁布《关于保护和改善环境的若干规定（试行草案）》。1974年，国务院颁布《中华人民共和国防治沿海水域污染暂行规定》《工业三废排放试行标准》《生活饮用水卫生标准》《食品卫生标准》等规定和行业标准，同时国务院成立环境保护领导小组。1978年12月13日，邓小平在《解放思想，实事求是，团结一致向前看》一文中指出，"应该集中力量制定刑法、民法、诉讼法和其他各种必要的法律，例如工厂法、人民公社法、森林法、草原法、环境保护法、劳动法、外国人投资法等等，经过一定的民主程序讨论通过，并且加强检察机关和

---

① 国家环境保护总局、中共中央文献研究室编《新时期环境保护重要文献选编》，中共中央出版社、中国环境科学出版社，2001，第20页。

② 国家环境保护总局、中共中央文献研究室编《新时期环境保护重要文献选编》，中共中央出版社、中国环境科学出版社，2001，第35页。

③ 国家环境保护总局、中共中央文献研究室编《新时期环境保护重要文献选编》，中共中央出版社、中国环境科学出版社，2001，第33页。

④ 《邓小平年谱（1975—1997）》（下），中央文献出版社，2004，第852页。

司法机关，做到有法可依，有法必依，执法必严，违法必究"①。

1979 年 9 月 13 日，第五届全国人大常委会第十一次会议通过《中华人民共和国环境保护法（试行）》，这是我国第一部环境法，中国的环境法体系由此开始系统的构建历程。《中华人民共和国环境保护法（试行）》第 32 条指出，对违反本法和其他环境保护条例、规定，污染和破坏环境，危害人民健康的单位，各级环境保护机构要分别情况，报经同级人民政府批准，予以批评、警告、罚款，或者责令赔偿损失，停产治理。对严重污染和破坏环境，引起人员伤亡或者造成农、林、牧、副、渔重大损失的单位的领导人员、直接责任人员或者其他公民，要追究行政责任、经济责任，甚至依法追究刑事责任。1982 年，我国在城乡建设环境保护部下设国家环境保护局，同年，成立中央绿化委员会，统一组织领导全民义务植树运动和国土绿化工作。1983 年 12 月 31 日，国务院召开第二次全国环境保护会议，将环境保护确立为我国的基本国策，深刻推动了我国的环境保护工作。1984 年，国务院发布《关于环境保护工作的决定》，成立领导组织协调全国环境工作的国务院环境保护委员会，同时颁布《中华人民共和国水污染防治法》《中华人民共和国森林法》。1988 年，设立国家环境保护局，作为国务院直属机构。1989 年，第七届全国人大常委会第十一次会议正式通过《中华人民共和国环境保护法》。1989 年 4 月 28 日，国务院召开第三次全国环境保护会议，提出要进一步完善环境管理的制度体系，由此环境管理走向规范化、制度化的轨道。1991 年颁布《中华人民共和国水土保持法》；1998 年设立国家环境保护总局；2008 年环境保护部成立。在邓小平的推动下，我国在改革开放后 15 年内，就建立了较为系统的生态环境保护法制体系，构建了环境保护的 8 项制度，分别是环境影响评价制度、城市环境综合整治定量考核制度、"三同时"制度、排污收费制度、环境保护目标责任制度、排污许可制度、限期治理制度和污染集中控制制度。

（四）运用科学技术进行生态文明建设

早在 20 世纪 60 年代，毛泽东就提出要实现农业、工业、国防和科学技术的现代化。改革开放后，我国将工作重心转移到经济方面，着力实现社

---

① 《邓小平文选》（第 2 卷），人民出版社，1994，第 146 页。

会主义现代化，关键是实现科技现代化。邓小平十分重视科技的作用，指出"马克思讲过科学技术是生产力，这是非常正确的，现在看来这样说可能不够，恐怕是第一生产力"[1]，并主张将科学技术运用到社会主义建设的各个方面。在邓小平的支持下，国务院环境保护办公室召开第一次全国环境保护科研工作会议，制定了 1978～1985 年全国环境科学技术规划，明确要在 3 年内基本查清全国环境污染状况，并对环境质量进行综合评价，重点在量大面广的综合治理技术上取得突破。1978 年 3 月，邓小平在全国科学大会开幕式上指出，"大家知道，生产力的基本因素是生产资料和劳动力。科学技术同生产资料和劳动力是什么关系呢？历史上的生产资料，都是同一定的科学技术相结合的；同样，历史上的劳动力，也都是掌握了一定的科学技术知识的劳动力。我们常说，人是生产力中最活跃的因素。这里讲的人，是指有一定的科学知识、生产经验和劳动技能来使用生产工具、实现物质资料生产的人"[2]。在生态建设方面，他主张使用科技提高资源的利用效率，提高环境治理效率，开发清洁能源，减少高耗能、高污染的情况，鼓励企业大力研发新技术、新能源。

同时，邓小平还特别注重在乡村使用科学技术，解决乡村的能源问题，"将来农业问题的出路，最终要由生物工程技术来解决，要靠尖端技术。对科学技术的重要性要充分认识"[3]。1978 年 12 月 31 日，国家成立中国环境科学研究院。1982 年 9 月，邓小平在参观四川乡村时，说到乡村使用沼气问题"这东西很简单，可解决了农村的大问题"[4]。1983 年 1 月，邓小平在谈话中指出"提高农作物单产、发展多种经营、改革耕作栽培的方法、解决农村能源、保护生态环境等等，都要靠科学。要切实组织农业科学重点项目的攻关"[5]。1985 年，国务院办公厅颁布了我国第一部《环境保护技术政策要点》，大力推动了我国环保技术的应用和发展。20 世纪 80 年代建立了中国科学院系统、高等院校系统、国务院系统、环保系统四大环保科研体系。

---

[1] 《邓小平文选》（第 3 卷），人民出版社，1993，第 275 页。
[2] 《邓小平文选》（第 2 卷），人民出版社，1994，第 88 页。
[3] 《邓小平文选》（第 3 卷），人民出版社，1993，第 275 页。
[4] 《邓小平年谱（1975—1997）》（下），中央文献出版社，2004，第 852 页。
[5] 国家环境保护总局、中共中央文献研究室编《新时期环境保护重要文献选编》，中共中央出版社、中国环境科学出版社，2001，第 27 页。

三 改革开放初期生态治理的实施特征

(一) 以法制为环境保护保障

党的十一届三中全会提出,要加强法制建设的制度保障和运行机制,会后,司法机关得到恢复,1978 年宪法恢复设置检察机关。党的十一届三中全会是中国发力国家建设的重要里程碑,实现了中国由人治向法治的历史性转折。在邓小平的倡导下,生态领域也通过法制来保障生态环境治理的顺利进行,使生态治理和环境保护工作实现从人治到法治的飞跃。1978 年修订的《中华人民共和国宪法》规定,国家保护环境和自然资源,防治污染和其他公害。1979 年 9 月 13 日,我国颁布《中华人民共和国环境保护法(试行)》,这是我国第一部环境保护法律,标志着我国环境保护开始步入依法管理的轨道。1982 年颁布《征收排污费暂行办法》,排污收费制度正式建立,同年 8 月 23 日通过《中华人民共和国海洋环境保护法》。1984 年 5 月 11 日,通过《中华人民共和国水污染防治法》;1984 年 9 月 20 日,通过《中华人民共和国森林法》;1985 年 6 月 18 日,通过《中华人民共和国草原法》;1986 年 1 月 20 日,通过《中华人民共和国渔业法》;1986 年 3 月 19 日,通过《中华人民共和国矿产资源法》;1986 年 6 月 25 日,通过《中华人民共和国土地管理法》;1987 年 9 月 5 日,通过《中华人民共和国大气污染防治法》。一系列法律法规的颁布,为我国环境保护和生态治理提供了强有力的法治保障,极大地推进了生态文明法治建设。

(二) 以政府为环境管理主体

1981 年,国务院发布《关于在国民经济调整时期加强环境保护工作的决定》,提出"谁污染谁治理"的原则。1982 年,环境保护被纳入国民经济和社会发展规划,在城乡建设环境保护部下设立环境保护局。1983 年 12 月 31 日,第二次全国环境保护会议提出保护环境是我国的一项基本国策。1984 年,国务院成立领导组织协调全国环境保护工作的国务院环境保护委员会。1988 年成立国家环保局。1989 年,第三次全国环境保护会议提出要加强制度建设,深化环境监管,促进经济与环境的协调发展,并通过八项环境管理制度。政府自上而下通过颁布政策、法规条例等推动生态环境治理的实践，严抓法律法规的落实，强化责任追究机制，对生产中产生严重污染问题的企业进行惩处，加强监管，引导个别企业和团体更新机器和技术，减少由设备老旧造成的高耗能、高污染问题。同时，政府还注重宣传工作，加大保护环境的宣传力度，提高人们的环境保护意识。除此之外，政府还是推行奖惩制度的主体，通过环境保护的工作效果来对领导干部进行奖励、惩处，可以极大地调动领导干部在生态环境治理方面工作的积极性，也可以避免领导干部对生态问题的忽视。

（三）以科技为环境治理支撑

邓小平一直十分重视科学技术的作用，提出科技是第一生产力，在社会主义现代化建设的许多方面，都注重发挥科学技术的杠杆作用。他认为科学技术的现代化是四个现代化中最重要的，科学技术竞争是综合国力竞争的重要部分。在生态治理中更要发挥科技的作用，尤其是我国在西方资本主义在发展中造成严重污染的教训面前，提出不走"先污染，后治理"的路子，避免这种情况就必须推动发挥科技创新在其中的作用。在工业生产中，科技的运用可以提高生态环境治理资源利用效率，改进污染治理技术，为生态文明建设提供支撑，发展新能源技术、新材料技术等，发展循环经济，调整产业结构，实现产业优化升级，转变经济发展方式从而减少污染。在农业生产中，发展绿色农业，可以通过科学技术创新提高土地产出率，降低农产品生产成本，使用安全农药，减少有害农药的使用，农药的正确使用可以减少土地和水资源的污染，同时促进乡村使用清洁能源，发展生态农业，实现乡村农业的可持续发展。改革开放初期，我国经济发展与环境保护的矛盾不断加深，根本原因依旧是粗放型的发展方式，而改变粗放型发展方式必须通过科技创新、科技引领和体制改革，科技是解决经济发展与环境保护问题的必要手段。在邓小平的支持下，1978 年，国务院环境保护办公室召开了第一次全国环境保护科研工作会议，制定了 1978~1985 年全国环境科学技术规划，提出 3 年内基本查清全国环境污染状况，综合评价环境质量，重点突破量大面广的综合治理技术。1978 年 12 月 31 日，国家批准建立中国环境科学研究院。1985 年，国务院办公厅颁布了《环境保护技术政策要点》，指导先进环保技术的发展。

（四）以经济发展为生态建设目标

改革开放后，邓小平尤其重视生产力的发展，并指明"马克思主义的基本原则就是要发展生产力"①"马克思主义最注重发展生产力"②。唯物史观认为，生产力是推动社会历史进步的最根本、最具决定性的力量。由此，邓小平提出要以经济建设为中心，党的十一届三中全会确定"以发展生产力为全党全国的工作中心"③。坚持一个中心、两个基本点，"在社会主义国家，一个真正的马克思主义政党在执政以后，一定要致力于发展生产力，并在这个基础上逐步提高人民的生活水平"④。在这种思想的指导下，我国把经济建设作为社会发展的核心内容，一切工作都围绕经济建设展开，包括生态文明建设，环境保护是经济建设的重要内容也是经济健康持续发展的重要条件。改革开放初期，我国生产力落后，人民生活水平低下，人口多底子薄的国情使我国对于能源和资源的需求大，生态环境的压力不断增加，阻碍了经济的发展。因此，解决生态环境问题，可以为后续的经济建设奠定良好的生态基础。邓小平在认识到中国的生态环境问题后，就提出要避免走西方资本主义国家"先污染，后治理"的老路，避免付出巨大的经济代价，在生态问题出现时，就及时治理，为后面的经济发展减轻负担，缓解经济发展水平低下和生态环境问题严重的矛盾，促进社会主义建设现代化。

中华人民共和国成立以来，经济发展和生态环境的不相容，导致经济发展的不可持续性，我国生态环境、自然资源、人口因素和经济社会发展的矛盾愈加突出。为保证经济的健康持续发展，人民生活质量的提高，以邓小平同志为主要代表的中国共产党人提出科学的指导方针和生态政策，为兼顾环境保护和经济发展，统筹协调自然环境与民生建设，运用法治和制度来保障生态文明的建设，为中国可持续发展战略的提出进行了初步探索。保护好生态环境的任务就是实现经济社会的可持续发展，造福于人民，这是邓小平进行生态文明建设的出发点、落脚点，也是中国特色社会主义

① 《邓小平文选》（第3卷），人民出版社，1993，第116页。
② 《邓小平文选》（第3卷），人民出版社，1993，第63页。
③ 《邓小平文选》（第3卷），人民出版社，1993，第255页。
④ 《邓小平文选》（第3卷），人民出版社，1993，第28页。

生态文明建设的目标。党的十六大把全面建设小康社会作为我国社会主义现代化建设的目标，要求做好经济建设、政治建设、精神文明建设，其中把良好生态作为小康社会的一个目标。党的十七大提出要建设生态文明，基本形成节约能源资源和保护生态环境的产业结构、增长方式、消费模式，这是中国共产党首次将生态文明理念写进党的行动纲领，这都来源于对邓小平生态文明的继承与发展。

第四章　21世纪中国共产党生态理论的
思考和探索

一　21世纪中国共产党生态理论的产生背景

（一）社会发展受到生态问题的阻碍

从20世纪80年代开始，大气污染、水污染以及固体废弃物污染日趋严重，并深刻影响中国社会主义现代化的进程。从大气污染看，我国大气污染属煤烟型污染，以粉尘和酸雨的危害最大。根据相关数据，"由二氧化硫等导致的酸雨每年给我国造成的经济损失超过1100亿元"[①]。从水污染看，仅1998年，"我国水污染造成的经济损失量就高达2475亿元，占全年GDP的3.1%"[②]。2006年，据环保部估算，全国每年因重金属污染的粮食高达1200万吨，造成直接经济损失超过200亿元。[③]《1996年中国环境状况公报》指出，我国酸雨污染严重，50%的城市地下水受到严重污染。[④]《1998年中国环境状况公报》指出我国很多地区污染问题进一步恶化。[⑤]《2002年中国环境状况公报》指出海河和辽河流域污染严重。[⑥] 工业化的发展使我国各个地区都出现不同程度的环境问题，不仅严重影响经济持续发展，更危

---

① 《我国酸雨污染每年造成损失超过1100亿元》，《中国环境报》2003年10月31日。
② 李锦秀、廖文根、陈敏建、王浩：《我国水污染经济损失估算》，《中国水利》2003年第21期。
③ 《全国每年因重金属污染的粮食达1200万吨》，新浪网，2006年7月18日，http://news. sina. com. cn/c/2006-07-18/17099494739s. shtml。
④ 《1996年中国环境状况公报》，生态环境部，1997年6月4日，https://www.mee.gov.cn/ hjzl/sthjzk/zghjzkgb/201605/P020160526549917367367. pdf。
⑤ 《1998年中国环境状况公报》，生态环境部，https://www.mee.gov.cn/gkml/sthjbgw/qt/ 200910/W020091031556040505336. pdf。
⑥ 《2002年中国环境状况公报》，生态环境部，2003年5月30日，https://www.mee.gov.cn/ hjzl/sthjzk/zghjzkgb/201605/P020160526552803668343. pdf。

害人民群众的生命健康安全，生态环境问题的治理需加快脚步，更加重视。

（二）国际上生态保护呼声不断高涨

在第一次工业革命后，人类工业文明得到极大发展，随着工业的不断发展，尤其进入 20 世纪后，工业对生态环境的破坏逐渐明显，气候开始变暖，酸雨侵蚀着城市，大气不断受到污染，森林覆盖面积渐渐减少。第二次世界大战后，苏联和美国两极对立，划分阵营，美国启动马歇尔计划，将在战争中形成的美国的工业大生产转移到西欧，使西欧实现再工业化。同时苏联也将重工业和装备工业的生产转移到东欧，整个欧洲同时进入工业化。工业化的快速发展带来了更为严重的生态环境恶化。2000 年 9 月，由联合国开发计划署、联合国环境规划署、世界银行和世界资源所刊印的《世界资源 2000~2002 年：人与生态系统：被磨损的生命网络》揭示，到 20 世纪，全世界半数湿地消失；砍伐和占用林地致使世界森林缩减一半；全世界约 9% 的树种濒临灭绝，每年有 13 万平方公里以上的热带森林遭受破坏；过去的 50 年中，全世界 2/3 的农田受到土壤退化的影响，全世界约 30% 的林地被农业占用，堤坝、河流改道及运河几乎破坏了 60% 的世界大河的完整性；全世界 20% 的淡水鱼种或灭绝，或濒临灭绝，或受到威胁。人类面临的全球生态环境问题被归纳为"臭氧层损耗、温室效应及全球变暖、酸沉降危害加剧、生态系统简化、森林锐减、土壤退化、淡水资源危机、海洋环境污染、固体废料污染和有毒化学品污染"[1]。1987 年，世界环境与发展委员会出版《我们共同的未来》，其中定义"可持续发展"是既能满足当代人的需要，又不对后代满足其需要的能力构成危害的发展。1992 年，在巴西里约热内卢召开的联合国环境与发展大会通过了强调可持续发展的《里约环境与发展宣言》、《21 世纪议程》及《生物多样性公约》等，各国经过这次大会，形成了对可持续发展理念的深刻认识和共识。2002 年，联合国可持续发展世界首脑会议在南非约翰内斯堡召开，会议将生态环境建设作为全球可持续发展的重要支柱。

---

[1] 沈清基：《全球生态环境问题及其城市规划的应对》，《城市规划汇刊》2001 年第 5 期。

（三）对马克思主义生态思想的继承与发展

中国共产党作为马克思主义的信仰者和践行者，坚持将马克思主义作为根本指导思想，早在19世纪中期，马克思、恩格斯就在许多著作中表达了对人与自然关系的观点，例如人与自然是辩证统一的，人类社会作为自然界的产物，也受制于自然界，而工业化的发展必然会对自然产生破坏，产生反作用，人应该对自然保持敬畏和尊重。早在民主革命时期，中国共产党人就产生了生态思想的萌芽，提倡节约、反对浪费。中华人民共和国成立后，以毛泽东同志为主要代表的中国共产党人面对百废待兴的现状，主张恢复自然环境，发展经济。毛泽东、周恩来、陈云等领导人先后在不同场合提出植树造林、兴修水利、勤俭节约等生态理念，促使我国生态环境有所改善。改革开放后，面对经济落后、人民生活水平低的现状，以邓小平同志为主要代表的中国共产党人提出，以经济建设为中心，一切工作围绕经济建设展开，生态环境的治理与保护是影响经济的重要因素。邓小平主张运用科技、法治规章来进行生态环境的改善，生态治理进一步步入正轨。改革开放20年后，在以经济建设为中心思想的指导下，我国积极融入国际市场，利用国内、国际两种资源，经济得到快速发展，但由于承接发达国家转移高污染、高耗能产业，形成的粗放式发展方式，以及我国不先进的环保意识，出现了严重的环境污染问题，不仅影响经济的健康持久发展，还损害了人民群众的生命健康。江泽民、胡锦涛继承马克思、毛泽东和邓小平等的生态思想，站在时代的前沿，创新发展了应对新时期和新问题的生态思想，并在实施中运用系统思维，综合各方力量，使经济、文化、政治、生态相互作用、共同发展。

（四）"非典"引发对生态建设的启示与反省

2002年11月16日，广东省佛山市暴发"非典"疫情。"非典"疫情的出现不是偶然事件，它与生态环境的恶化有着必然、内在的联系。"非典"疫情重灾区的广东和北京都是工业发展迅速、科技发达的城市，专家分析"尤其在一些大都市，人口极端密集，大批量的工业化生产使得一些被污染的食品可能同时接触到大量人群，而在一部分热带地区，诸如饮用水等一些基础设施条件跟不上，也为新病菌的出现创造了条件"①。SARS 病毒是人类与自然关系恶化的产物，这一次突如其来的全国公共卫生事件让人们开始反思人与自然、自然与社会发展的关系。人对资源的无休止掠夺、对环境的无限制污染，最后都会受到大自然的无情惩罚，淡薄的环保意识造成大量工业生产、生活垃圾不经严格分类和无害处理就随意填埋，乡村过量的化肥使用、城市的化学药品随意滥用，都会对土壤和水资源产生污染，这不仅损害人体的生态健康，还会使接触到这些的野生动物遭到危险，引发传染病，破坏生态系统。"非典"疫情让我们警醒，更加重视工业化带来的环境问题，直面生态问题对社会发展的重要影响。我们意识到应该加紧进行生态文明建设，不仅要加快治理污染的脚步，更要加大宣传生态保护重要性的力度，提高民众的环保意识。加大对卫生事业的投入和建设力度，加快转变经济发展方式，发展循环经济、绿色经济，形成绿色生产生活方式，加强环保机构职能建设。同时，还要发挥科技的重要作用，加大科研环保投入力度，提高环保的技术水平，对工业污染的产生和处理加强监管等。

二　21 世纪生态建设思想的主要内容

(一) 树立可持续发展理念

1972 年，非正式学者团体"罗马俱乐部"发布了名为《增长的极限》的研究报告，指出在未来一个世纪中，人口和经济需求的增长将导致地球资源耗竭、生态破坏和环境污染等问题的出现，除非人类自觉限制人口增长和工业发展，否则这些悲剧将无法避免。这一报告明确提出"持续增长"和"合理的持久的均衡发展"的概念。② 1980 年，国际自然保护同盟的《世界自然资源保护大纲》提出，必须研究自然的、社会的、生态的、经济的以及利用自然资源过程中的基本关系，确保全球的可持续发展。1981 年，莱斯特·布朗出版的《建设一个可持续发展的社会》提出，以控制人口增长、保护资源基础和开发可再生能源来实现可持续发展。1987 年，世界环境与发展委员会出版了《我们共同的未来》，其中定义"可持续发展"是

---

① 和立人：《保护动物——非典时期必须重读的生态文本》，《生态经济》2003 年第 6 期。
② 丹尼斯·米都斯等：《增长的极限：罗马俱乐部关于人类困境的报告》李宝恒译，吉林人民出版社，1997。

"既能满足当代人的需要，又不对后代满足其需要的能力构成危害的发展"①。1992年，在巴西里约热内卢召开的联合国环境与发展大会通过了强调可持续发展的《里约环境与发展宣言》、《21世纪议程》和《生物多样性公约》等，经过这次大会深化了各国对可持续发展理念的认识和共识。可持续发展理念将发展的需求和环境的保护两个议题结合在一起，对环境与发展的关系进行了解读。可持续发展依然主张社会要发展，但这种发展是健康可持续的，主张通过转变经济发展方式，实现有质量的发展，发展过程中减少对环境的破坏，在地球资源环境的可承载能力内进行发展。可持续发展要遵循公平性原则、持续性原则、共同性原则。2002年，联合国可持续发展世界首脑会议在南非约翰内斯堡召开，生态环境建设成为全球可持续发展的重要支柱。

　　受国际上可持续发展理念的影响，鉴于我国人口众多、资源不足，经济的快速发展对资源造成巨大消耗，我国也开始思考如何实现可持续发展的问题。1995年，江泽民在党的十四届五中全会中正式提出，把"实现可持续发展"作为我国社会主义现代化建设的重要战略。② 1996年，第八届全国人民代表大会第四次会议批准的《中华人民共和国国民经济和社会发展"九五"计划和2010年远景目标纲要》提到，要实施可持续发展战略，推进社会事业全面发展，注意搞好经济发展政策与社会发展政策的协调，实现可持续发展，具体来说，要求坚持经济建设、城乡建设与环境建设同步规划、同步实施、同步发展，所有建设项目都要有环境保护的规划和要求。江泽民指出，"所谓可持续发展，就是既要考虑当前发展的需要，又要考虑未来发展的需要，不要以牺牲后代人的利益为代价来满足当代人的利益"③。1996年7月15日，江泽民在第四次全国环境保护大会上指出，"必须把贯彻实施可持续发展战略始终作为一件大事来抓"④。1998年3月13日，江泽民在九届全国人大一次会议河南代表团全体会议上指出，"生态环境恶化、水旱灾害频繁，是制约我国农业发展的最大障碍。要实现农业持续稳定增

①　WCED. *Our Common Future*, New York: Oxford University Press, 1987, p. 66.

②　中共中央文献研究室编《十四大以来重要文献选编》（中），中央文献出版社，2011，第453页。

③　阮青主编《中国特色社会主义理论体系建设40周年》，人民出版社，2018，第112页。

④　《江泽民文选》（第1卷），人民出版社，2006，第532页。

长，必须切实加强农业基础设施建设，大力改变生产条件，改善生态环境，这要作为一项长期的战略任务，坚持不懈地抓下去"①。2002 年，在党的十六大报告中，江泽民将"可持续发展能力不断增强，生态环境得到改善"②列为全面建设小康社会的四大目标之一。江泽民高度重视正确处理经济发展与环境发展的关系，他认为环境保护是经济社会可持续发展的基础，两者应该相辅相成、同向发展。发展不仅要看经济增长指标，还要看资源指标、环境指标。可持续发展的核心问题是实现经济社会和人口资源环境的协调发展。正如江泽民所说，在经济和社会发展中，我们必须做到投资少、消耗资源少，而经济社会效益高、环境保护好的发展方式。

（二）保护环境就是保护生产力

针对经济发展与保护环境的关系问题，1996 年，江泽民在第四次全国环境保护会议上第一次明确提出"保护环境的实质就是保护生产力"③ 这一科学论断，初步阐明了经济发展与环境保护的正确关系。2001 年 2 月 18日，江泽民又进一步指出"破坏资源环境就是破坏生产力，保护资源环境就是保护生产力，改善资源环境就是发展生产力""如果在发展中不注意环境保护，等到生态环境破坏了以后再来治理和恢复，那就要付出更沉重的代价，甚至造成不可弥补的损失"④。由此可以看出，江泽民主张避免走西方资本主义国家"先污染，后治理"的道路，认为那样会付出巨大的经济代价和人力代价，对于中国资源短缺的国情来说是不可取的。我们要边发展边治理，在发展中避免严重环境问题的产生，"必须与人口、资源、环境统筹考虑，不仅要安排好当前的发展，还要为子孙后代着想，为未来的发展创造更好的条件，决不能走浪费资源和先污染后治理的路子，更不能吃祖宗饭，断子孙路"⑤。"任何地方的经济发展都要注重提高质量和效益，注重优化结构，都要坚持以生态环境良性循环为基础，这样的发展才是健康

---

① 《江泽民分别参加河南河北代表团会议强调加强农业基础地位维护社会政治稳定》，《人民日报》1998 年 3 月 14 日。
② 《江泽民文选》（第 1 卷），人民出版社，2006，第 544 页。
③ 《江泽民文选》（第 1 卷），人民出版社，2006，第 534 页。
④ 《江泽民文选》（第 1 卷），人民出版社，2006，第 532 页。
⑤ 《江泽民文选》（第 1 卷），人民出版社，2006，第 532 页。

的、可持续的。"① 不能以牺牲环境和浪费资源为经济发展的代价，尤其在资源开发方面，要合理开发，在保护环境的基础上进行资源开发。在能源方面，要大力发展循环经济，发展再生能源，"将单位国民生产总值的污染排放量和资源生态损耗量降下来"②。

（三）重视人口对生态环境的重要影响

我国的一个基本国情是人口基数大、人口多。对于人口问题，在新中国成立初期，以毛泽东同志为主要代表的中国共产党人认为人口是解决一切问题的条件。但是在1953年第一次全国人口普查结束后，中央逐渐认识到我国人口过多，对资源和经济发展都是一种负担，开始推行控制人口的措施。到了20世纪90年代，江泽民尤为重视人口的素质问题，他认为人口素质的高低也直接或间接地影响生态文明的建设，"我国的最大国情是人多地少、人多水少。人均占有农业资源大大低于世界平均水平"③。"人口增长对环境的影响也不能低估。"④ "人口问题是制约可持续发展的首要问题，是影响经济和社会发展的关键因素。"⑤ 环境保护最根本的问题在于人，尤其要发动人民群众的作用，因此要大力宣传生态环境保护的重要性，提高人民群众的环保意识。对此，江泽民提出，"加强环境保护的宣传教育，增强干部和群众自觉保护生态环境的意识"⑥。人口素质低，尤其是乡村地区，文盲数量大，对于生态环境问题不具备基本的意识，在生产和生活中不重视环境保护，不支持环境保护工作，以上种种问题都阻碍了我国生态文明建设和生态政策的推行，提高人口素质直接影响生态政策的推行效果，有利于我国可持续发展战略的实施，只有提高人口素质，才能有效缓解人口对生态环境的压力。

（四）提出科学发展观

胡锦涛提出的"科学发展观"本质上是对"可持续发展"理论的应用

---

① 《江泽民文选》（第1卷），人民出版社，2006，第533页。
② 《江泽民文选》（第1卷），人民出版社，2006，第534页。
③ 《江泽民文选》（第3卷），人民出版社，2006，第407页。
④ 《江泽民文选》（第1卷），人民出版社，2006，第519页。
⑤ 《江泽民论有中国特色社会主义（专题摘编）》，中央文献出版社，2002，第288页。
⑥ 《江泽民论有中国特色社会主义（专题摘编）》，中央文献出版社，2002，第280页。

与创新，面对国际发展的新局面和我国发展的新情况，他提出了更为完善的全面、协调、可持续的发展观。胡锦涛指出，"科学发展观，第一要义是发展，核心是以人为本，基本要求是全面协调可持续，根本方法是统筹兼顾"①。首先，第一要义是发展。这延续了我国一切工作围绕经济建设展开的中心思想，解决中国一切问题的关键在于发展，发展是党执政兴国的第一要务，不论是解决民生问题还是生态问题，都离不开经济发展这个根本。其次，核心是以人为本。这体现了马克思主义政党的核心观点，发展是为人民的发展，人民群众需求的满足是发展的根本出发点和落脚点。与之前推崇的"发展主义"不同，科学发展观更深层次地阐释了发展的意义所在，不是为了发展而发展，而是为了人而发展。由此，发展过程中坚持人的主体地位，不损害人的根本利益，"坚持以人为本，就是要以实现人的全面发展为目标，从人民群众的根本利益出发谋发展、促发展，不断满足人民群众日益增长的物质文化需要，切实保障人民群众的经济、政治、文化权益，让发展成果惠及全体人民"②。再次，基本要求是全面协调可持续。这点更加体现生态文明建设的要求，社会想得以可持续发展，必须做到生态文明的各个方面达到协调并进，生态系统内部，水系统、土壤系统、空气系统、林木系统等都能够进行良性循环，不仅生态系统内部，经济、政治、文化、生态各个方面的工作都要做到相互协调，共同配合，"全面推进经济建设、政治建设、文化建设、社会建设，促进现代化建设各个环节、各个方面相协调，促进生产关系与生产力、上层建筑与经济基础相协调"③。最后，根本方法是统筹兼顾。统筹兼顾本质上就是国家在经济建设中兼顾生态环境的改善，这就要求体制发挥强有力的作用。我国是社会主义国家，政府在经济建设中发挥着有形的手的作用。在发展过程中，国家可以通过立法、规章制度、宣传等方式防止资本逐利本性导致的对自然的无限制使用，更好地推动生态文明建设。

（五）建设"两型"社会

2004 年，胡锦涛在中央人口资源环境工作座谈会上的讲话中提出，要

---

① 《胡锦涛文选》（第 2 卷），人民出版社，2016，第 26 页。
② 《胡锦涛文选》（第 2 卷），人民出版社，2016，第 116~117 页。
③ 《胡锦涛文选》（第 2 卷），人民出版社，2016，第 624 页。

建设资源节约型、环境友好型社会。我国虽然资源总量多，但人口众多，相对于庞大的人口数量，资源不足是影响经济发展、社会发展的重大问题，必须节约资源。胡锦涛指出，"要节约集约利用资源，推动资源利用方式根本转变，加强全过程节约管理，大幅降低能源、水、土地消耗强度，提高利用效率和效益。推动能源生产和消费革命，控制能源消费总量，加强节能降耗，支持节能低碳产业和新能源、可再生能源发展，确保国家能源安全。加强水源地保护和用水总量管理，推进水循环利用，建设节水型社会。严守耕地保护红线，严格土地用途管制。加强矿产资源勘查、保护、合理开发。发展循环经济，促进生产、流通、消费过程的减量化、再利用、资源化"①。"建设生态文明，实质上就是要建设以资源环境承载力为基础、以自然规律为准则、以可持续发展为目标的资源节约型、环境友好型社会。"②要加大自然生态系统和环境保护力度，良好的生态环境是经济和社会持续发展的基础，要加快建设资源节约型、环境友好型社会。

三 21 世纪生态治理的实施路径

（一）转变经济发展方式

对于我国环境的严重污染问题，想要改变，就必须从源头杜绝污染现象的出现。对此，江泽民主张转变经济发展方式，大力推进清洁生产。胡锦涛强调，"坚持节约资源和保护环境的基本国策，坚持节约优先、保护优先、自然恢复为主的方针，着力推进绿色发展、循环发展、低碳发展，形成节约资源和保护环境的空间格局、产业结构、生产方式、生活方式，从源头上扭转生态环境恶化趋势"③。2004 年 8 月 16 日，国家发展改革委、国家环境保护总局制定并通过《清洁生产审核暂行办法》，划定了清洁生产审核的范围与有关清洁生产审核的实施、组织和管理以及奖励、处罚的细则。2005 年 12 月 3 日，国务院发布的《国务院关于落实科学发展观加强环境保护的决定》指出，要大力发展循环经济，严格排放强度准入，鼓励节能降

---

① 胡锦涛：《坚定不移沿着中国特色社会主义道路前进 为全面建成小康社会而奋斗——在中国共产党第十八次全国代表大会上的报告》，人民出版社，2012，第 40 页。

② 《胡锦涛文选》（第 3 卷），人民出版社，2016，第 6 页。

③ 《胡锦涛文选》（第 3 卷），人民出版社，2016，第 644 页。

耗，积极发展环保产业，大力提高环保装备制造企业的自主创新能力。2007年，国务院下达《国务院批转节能减排统计监测及考核实施方案和办法的通知》，中央提出《单位 GDP 能耗统计指标体系实施方案》《单位 GDP 能耗监测体系实施方案》《主要污染物总量减排统计办法》《主要污染物总量减排监测办法》。2010 年 10 月 18 日，国务院发布《关于加快培育和发展战略性新兴产业的决定》，加快培育和发展战略性新兴产业是推进产业结构升级、加快经济发展方式转变的重大措施，战略性新兴产业以创新为主要驱动力，辐射带动力强，加快培育和发展战略性新兴产业，有利于加快经济发展方式转变，有利于提升产业层次、推动传统产业升级、高起点建设现代产业体系，体现了调整优化产业结构的根本要求。2013 年 4 月 3 日，住房和城乡建设部制定《"十二五"绿色建筑和绿色生态城区发展规划》，推进生态文明建设融入城乡建设全过程，该规划要求，要限制和淘汰高耗能、高污染产品，大力推广可再生能源技术的综合应用，培育绿色服务产业，形成高效合理的绿色建筑产业链，推进绿色建筑产业化发展。

（二）加强生态治理与环境建设

1989 年 4 月 28 日，第三次全国环境保护会议在北京召开，会议通过《1989～2002 年环境保护目标和任务》和《全国 2000 年环境保护规划纲要》，此外还制定了三大政策和八大制度，分别是"预防为主、防治结合""谁污染、谁治理""强化环境管理"三大政策，以及"环境影响评价、三同时、征收排污费、限期治理、'排污许可证'、污染物集中控制、环境保护目标责任制、城市环境综合整治定量考核制度"八大制度。① 1992 年，经中共中央和国务院批准，中共中央办公厅、国务院办公厅转发了外交部、国家环保局《关于出席联合国环境与发展大会的情况及有关对策的报告》，其中提出我国环境与发展的十大政策：实施持续发展战略；采取有效措施，防治工业污染；深入开展城市环境综合整治，认真治理城市"四害"；提高能源利用效率，改善能源结构；推广生态农业，坚持不懈地植树造林，切实加强生物多样性的保护；大力推进科技进步，加强环境科学研究，发展

---

① 《第三次全国环境保护会议》，中华人民共和国生态环境部，2018 年 7 月 13 日，https：//www.mee.gov.cn/zjhb/lsj/lsj_zyhy/201807/t20180713_446639_wap.shtml。

环境保护的产业；运用经济手段保护环境；加强环境教育，不断提高全民族的环境意识；健全法制，强化环境管理；参照环发大会精神，制订我国行动计划。2006年1月20日，建设部印发了《中国城乡环境卫生体系建设》，其中要求加强城乡环境卫生建设，强化环境卫生管理，提高环境卫生质量。2000年，国家发展改革委下发了《全国生态环境保护纲要》，其中提出加强生态保护，遏制生态破坏，维护国家生态环境安全，确保国民经济和社会的可持续发展。2007年，建设部下发《关于公布国家生态园林城市试点城市的通知》，确定青岛市、南京市、杭州市等11个城市为国家生态园林城市试点城市。2012年12月24日，住房和城乡建设部发布《环境卫生设施设置标准》，对垃圾收集点、公共厕所等环境卫生公共设施做出要求，对生活垃圾、水域保洁工作做出安排。2013年12月2日，国家发展改革委联合财政部、国土资源部、水利部、农业部、林业局制定了《国家生态文明先行示范区建设方案（试行）》，建议组织开展本地区生态文明示范区建设活动，为创建国家生态文明先行示范区打好基础。

（三）加大宣传力度、提高民众素质

1996年12月10日，国家环境保护局、中共中央宣传部、国家教育委员会印发了《全国环境宣传教育行动纲要（1996—2010年）》，该纲要提出，目前我国公众的环境意识还比较低，应当提高全民族的环境意识，要求到2000年在全国初步建成宣传教育网络框架，逐步建立公众在环境保护方面的参与监督机制，在全社会形成遵守环境法律法规、自觉保护环境的良好风尚。到2010年，在全国建成比较完善的环境宣传教育网络，全民族的环境意识有较大的提高。2001年4月20日，国家环保总局发布了《2001—2005年全国环境宣传教育工作纲要》，设定全国环境宣传教育"十五"目标是到2005年广大青少年基本普及环境保护知识，各级决策对环境与发展的综合决策能力有一定提高，环境保护公众参与机制和宣传教育社会化机制初步建立，自觉遵守环境法律法规、自觉保护环境的社会风尚开始形成。同年9月，国家环保总局发布《国家环境保护总局关于开展环境法制宣传教育的第四个五年规划》，其目标是提高社会公众的环境法律意识和依法参与环境监管的能力。2005年12月3日，国务院发布的《国务院关于落实科学发展观加强环境保护的决定》指出，要深入开展环境保护宣传

教育，要加大环境保护基本国策和环境法制的宣传力度，弘扬环境文化，倡导生态文明，新闻媒体要大力宣传科学发展观对环境保护的内在要求，把环保公益宣传作为重要任务，及时报道党和国家环保政策措施，宣传环保工作中的新进展、新经验，努力营造节约资源和保护环境的舆论氛围。2006 年 12 月 19 日，国家环保总局、中宣部、教育部联合下发《关于做好"十一五"时期环境宣传教育工作的意见》，该意见指出，要努力形成与建设环境友好型社会相适应的环境宣传教育格局，着力抓好面向公共的环境宣传教育，切实加强环境宣传教育队伍与能力建设。2009 年 1 月 22 日，为进一步加强对环境宣传教育工作的指导和协调，更好地服务于环境保护中心工作的大局，环境保护部印发《环境保护部宣传教育工作指导办法》，指导各部门积极举行宣传活动，印制和下发各类宣传品等。

（四）运用科技、加快创新

早在邓小平时期，党和国家就认识到科技的重要性，也主张将科技运用到生态文明建设中去。随着信息时代的到来和快速发展，科技的重要性越来越突出，各项事务的发展都需要借助科技的力量。从 20 世纪 90 年代，党和政府就开始全面落实"科技是第一生产力"的思想。在生态环境问题上，明确科技是改善环境、促进治理的必由之路。江泽民在《论科学技术》中指出，"在现代，全球面临的资源、环境、生态、人口等重大问题的解决，都离不开科学技术的进步"[1]。1995 年，国家科学技术委员会制订"社会发展科技计划"作为我国可持续发展的重大战略措施。2005 年 12 月 3 日，国务院发布的《国务院关于落实科学发展观加强环境保护的决定》指出，要依靠科技，创新机制，大力发展环境科学技术，以技术创新促进环境问题的解决，强化环保科技基础平台建设，将重大环保科研项目优先列入国家科技计划。2012 年 4 月 13 日，为指导和推进全国废物资源化科技创新，支撑资源节约型和环境友好型社会建设，科技部、国家发展改革委、工业和信息化部、环境保护部、住房和城乡建设部、商业部、中国科学院等联合制定了《废物资源化科技工程"十二五"专项规划》，该规划指出，支撑废物资源化是"十二五"科技发展的重要任务，提高废物资源化水平

---

[1]　江泽民：《论科学技术》，中央文献出版社，2001，第 2 页。

的关键是依靠科技进步与创新，我国废弃物资源化技术在废旧金属再生利用、生活垃圾资源化等核心技术与装备研发方面有着重要影响。2013年4月3日，住房和城乡建设部制定了《"十二五"绿色建筑和绿色生态城区发展规划》，推进生态文明建设融入城乡建设全过程，该规划要求培育创新能力，突破关键技术，加快科技成果推广应用，开发应用节能环保型建筑材料、装备、技术与产品。

（五）科学立法、严格执法

党的十一届三中全会后，党和政府开始恢复各项法制工作，生态领域也逐步建立起法治体系。江泽民在党的十五大报告中强调，要"严格执行土地、水、森林、矿产、海洋等资源管理和保护的法律"[①]。1998年11月7日，国务院发布《关于印发全国生态环境建设规划的通知》，要求坚持依法保护和治理生态环境。截至2001年底，我国已经制定和完善了《中华人民共和国水法》、《中华人民共和国森林法》和《中华人民共和国水土保持法》等，制定了100余件行政规章，初步建立起环境与资源保护法律体系。国家环保总局相继组织了24个执法检查组，检查环境保护法律的执行情况，并建立起监测系统，对环保工作实施统一监督管理。党的十六大以后，我国先后制定了《中华人民共和国环境影响评价法》《中华人民共和国放射性污染防治法》《中华人民共和国可再生能源法》《中华人民共和国循环经济促进法》，先后修订了《中华人民共和国草原法》《中华人民共和国固体废物污染环境防治法》《中华人民共和国节约能源法》。2006年，国家环保总局和监察部发布《环境保护违纪行为处分暂行规定》，强化了国家各级行政机关和相关企业的环境责任。

四　21世纪生态环境保护实施的时代特征

（一）治理环境以民生问题为主要

改革开放带来人民生活水平的提高，人民不仅对经济有了要求，同样对生活环境和生存质量也有了较高的要求。环境污染关系群众的切身利益，

---

① 《江泽民文选》（第2卷），人民出版社，2006，第26页。

破坏环境就是破坏人民群众的根本利益，生态环境问题是社会发展的重要问题，如果解决不好，使矛盾夸大化，就变成民生的根本问题，变成政治问题。中国共产党是代表人民群众根本利益的政党，要解决好影响民生的环境问题。生态环境的好与坏已经成为衡量一个国家人民群众幸福指数的重要标准。坚持可持续发展道路，就是保障人民的根本利益，尊重人民的根本诉求，"要促进人和自然的协调与和谐，使人们在优美的生态环境中工作和生活"①。可持续发展是我国 21 世纪的重要战略，体现了党和政府在发展中对生态民生问题的关注。可持续发展不仅关注经济的可持续、健康发展，更关注人的可持续、健康发展，为了社会的健康持久发展，为了千千万万子孙后代能够有充足的资源和良好的生存环境、良好的生活环境，必须关注人的发展与生态容量的适配度，实现可持续发展，要满足人民对生活水平和生态环境的需要。对此，江泽民指出"为了实现我国经济社会持续发展，为了中华民族的子孙后代始终拥有生存和发展的良好条件，我们一定要高度重视并切实解决经济增长方式转变的问题"②。"环境问题直接关系到人民群众的正常生活和身心健康。如果环境保护搞不好，人民群众的生活条件就会受到影响，甚至会造成一些疾病流传。"③

（二）改善环境以国际合作为主推

1992 年联合国环境与发展大会召开后各个国家达成了对于可持续发展问题的共识，中国也在其中，会上中国政府签署了《联合国气候变化框架公约》和《生物多样性公约》，表示愿意同世界各国一道，共同重视全球生态环境问题，承担起本国生态环境的相应责任，愿意为保护全球生态尽最大努力。1992 年，中国环境与发展国际合作委员会成立，这是由中外环境与发展领域高层人士与专家组成的、非营利的国际性高级咨询机构，主要任务是交流国际环发领域内的重大问题，并进行研究。1994 年 3 月 25 日，国务院第十六次常务会议通过《中国 21 世纪议程——中国 21 世纪人口、环境与发展白皮书》，这是世界上第一个国家级的可持续发展战略目标。该议

① 《江泽民文选》（第 3 卷），人民出版社，2006，第 295 页。
② 《江泽民文选》（第 3 卷），人民出版社，2006，第 462 页。
③ 《江泽民文选》（第 1 卷），人民出版社，2006，第 535 页。

程主要分为四大内容，分别为可持续发展总体战略与政策、社会可持续发展、经济可持续发展、资源的合理利用与环境保护，这表明我国积极响应联合国在世界范围内的可持续发展行动计划。1999 年 9 月 28 日，国家环保总局下发《全国环境保护国际合作工作（1999—2002）纲要》，提出继续积极开展环境外交，争取和利用各种机会，促进我国环保事业向前发展。2002 年，时任中国国务院总理的朱镕基参加在南非约翰内斯堡举行的世界可持续发展首脑会议，会议提倡各国加强保护生态的意识，开展可持续发展战略。中国在会议上表示愿意积极参与国际合作，为保护全球生态做出努力。2002 年 9 月 5 日，为提高我国环保产业的技术和装备水平，增强与世界各国环保产业的技术合作和贸易往来，国家环保总局在大连举办中国国际环境保护博览会。2003 年 8 月、9 月，中国分别和埃及、加拿大签署《中埃环境合作谅解备忘录》《中加环境合作谅解备忘录》，自从 1980 年中国与美国签署了第一个双边环境合作议定书以来，截至 2004 年，国家环保总局代表中国政府已经同世界上 33 个国家签署了双边环境合作文件，并以此为基础，建立了覆盖全球的双边合作框架。2006 年，中国以"促进生态文明建设，构建生态安全格局，降低气候变化风险，保护自然环境，倡导和平和解与绿色执政，实现经济、环境、社会的可持续发展"[1] 为宗旨，发起建立国际生态安全合作组织。

（三）以协调生态与经济效益为目标

20 世纪末至 21 世纪初，我国在生态问题的处理方面一个很明显的特征就是生态治理、环境保护的地位和重要性的提升，生态问题不仅是经济问题，还是社会问题、民生问题。在生态问题上，我们不仅要看到眼前利益，更要考虑到长远利益。不仅要看到局部经济建设的利益，更要着眼于整个社会发展的整体利益，生态文明建设与社会、经济、民生、政治放在一起进行规划与发展，"要统筹兼顾，着眼长远，科学规划，采取切实可行的措施，努力实现经济社会和生态环境协调发展"[2]。"实现可持续发展，核心的

---

[1]　国际生态安全合作组织，百度百科，https：//baike.baidu.com/item/国际生态安全合作组织/6423748?fr=ge_ala。

[2]　《江泽民文选》（第 2 卷），人民出版社，2006，第 69 页。

问题是实现经济社会和人口、资源、环境协调发展。"① 良好的生态环境为经济发展提供环境保障和资源支撑，促进经济的开放建设。同样地，健康可持续的经济发展为环境保护提供基础，促进生态文明建设。党的十六大把全面建设小康社会作为我国社会主义现代化建设的目标，要求做好经济建设、政治建设、精神文明建设，其中把良好生态作为小康社会的一个目标，体现了良好生态文明在社会主义现代化建设中的重要地位。

---

① 《江泽民文选》（第 3 卷），人民出版社，2006，第 462 页。

第五章　新时代中国生态文明建设思想的探索

　　2013 年，习近平在哈萨克斯坦纳扎尔巴耶夫大学发表演讲时提到，"绿水青山就是金山银山"，向世界宣布了中国的生态理念。党的十八大做出"大力推进生态文明建设"的战略决策。党的十八届三中全会通过了《中共中央关于全面深化改革若干重大问题的决定》，明确建立生态文明制度体系。党的十八届五中全会强调绿色发展理念，将生态文明建设首次写入国家五年规划，提出"新发展理念"，将绿色发展作为"十三五"乃至更长时期经济社会发展的一个重要理念。2015 年 4 月，中共中央、国务院印发《关于加快推进生态文明建设的意见》，明确生态文明建设的总体要求、目标愿景、重点任务、制度体系。同年 9 月，中共中央、国务院出台的《生态文明体制改革总体方案》提出，健全自然资源资产产权制度、建立国土空间开发保护制度、完善生态文明绩效评价考核和责任追究制度等。2015 年，中央发布关于制定"十三五"规划建议的说明，指出要建立激励相容的绿色改革机制，以绿色账户核算为基础、绿色规划体系为框架，提供绿色发展的顶层设计。大力发展节能环保科技及产业发展，继续健全重点区域大气污染联防联控制度。2015 年 11 月 30 日，习近平在气候变化巴黎大会开幕式上发表题为《携手构建合作共赢、公平合理的气候变化治理机制》的讲话，提出"要提高国际法在全球治理中的地位和作用，确保国际规则有效遵守和实施，坚持民主、平等、正义，建设国际法治""中国坚持正确义利观，积极参与气候变化国际合作"①。2016 年 1 月 18 日，习近平在省部级主要领导干部学习贯彻党的十八届五中全会精神专题研讨班上的讲话中指出，"生态环境没有替代品，用之不觉，失之难存。我讲过，环境就是民

---

① 习近平：《携手构建合作共赢、公平合理的气候变化治理机制——在气候变化巴黎大会开幕式上的讲话》，人民出版社，2015，第 7~8 页。

生，青山就是美丽，蓝天也是幸福，绿水青山就是金山银山；保护环境就是保护生产力，改善环境就是发展生产力。在生态环境保护上，一定要树立大局观、长远观、整体观，不能因小失大、顾此失彼、寅吃卯粮、急功近利"①。2016 年，习近平在推动长江经济带发展座谈会上提出，"要把修复长江生态环境摆在压倒性位置上，共抓大保护，不搞大开发"②。2016 年，联合国环境规划署发布《绿水青山就是金山银山：中国生态文明战略与行动》。2017 年，党的十九大报告提出"坚持人与自然和谐共生"的基本方略，将"山水林田湖"丰富为"山水林田湖草"，要求"建设生态文明，建设系统完整的生态文明制度体系，用制度保护生态环境""要深化生态文明体制改革，尽快把生态文明制度的'四梁八柱'建立起来"。③"绿水青山就是金山银山"也被写入党的十九大报告和党章，成为全党的共同意志和行动指南。

2018 年 3 月 11 日，第十三届全国人民代表大会第一次会议通过的宪法修正案，将生态文明建设写进宪法。2018 年 4 月 26 日，习近平主持召开长江经济带发展座谈会，他提出要"正确把握生态环境保护和经济发展的关系，探索协同推进生态优先和绿色发展新路子。推动长江经济带探索生态优先、绿色发展的新路子，关键是要处理好绿水青山和金山银山的关系。这不仅是实现可持续发展的内在要求，而且是推进现代化建设的重大原则。生态环境保护和经济发展不是矛盾对立的关系，而是辩证统一的关系。生态环境保护的成败归根到底取决于经济结构和经济发展方式。发展经济不能对资源和生态环境竭泽而渔，生态环境保护也不是舍弃经济发展而缘木求鱼，要坚持在发展中保护、在保护中发展，实现经济社会发展与人口、资源、环境相协调，使绿水青山产生巨大生态效益、经济效益、社会效益""长江经济带应该走出一条生态优先、绿色发展的新路子。一是要深刻理解把握共抓大保护、不搞大开发和生态优先、绿色发展的内涵……二是要积极探索推广绿水青山转化为金山银山的路径……三是要深入实施乡村振兴

---

① 中共中央党史和文献研究院编《十八大以来重要文献选编》（下），中央文献出版社，2018，第164 页。
② 《在深入推动长江经济带发展座谈会上的讲话》，《人民日报》2019 年 9 月 1 日。
③ 中共中央党史和文献研究院编《十九大以来重要文献选编》（上），中央文献出版社，2019，第17 页。

战略，打好脱贫攻坚战，发挥农村生态资源丰富的优势"①。2018 年 5 月 18
日，全国生态环境保护大会在北京召开，会上正式提出习近平生态文明思
想。习近平在大会上指出，"生态文明建设是关系中华民族永续发展的根本
大计"②。同时，他对坚决打好污染防治攻坚战做出重要指示，第一，加快
构建生态文明体系。以生态价值观念为准则的生态文化体系，以产业生态
化和生态产业化为主体的生态经济体系，以提高生态环境质量为核心的目
标责任体系，以治理体系和治理能力现代化为保障的生态文明制度体系，
以生态系统良性循环和环境风险有效防控为重点的生态安全体系。第二，
全面推动绿色发展。加快形成绿色发展方式，是解决污染问题的根本之策。
只有从源头上使污染物排放大幅降下来，生态环境质量才能明显好上去。
第三，把解决突出生态环境问题作为民生优先领域。第四，有效防范生态
环境风险。生态环境安全是国家安全的重要组成部分，是经济社会持续健
康发展的重要保障。第五，加快推进生态文明体制改革落地见效。生态文
明体制改革是全面深化改革的重要领域，要以解决生态环境领域突出问题
为导向，抓好已出台改革举措的落地，及时制定新的改革方案。第六，提
高环境治理水平。环境治理是系统工程，需要综合运用行政、市场、法治、
科技等多种手段。③ 大会明确描绘出了美丽中国的建设蓝图，计划在 2035
年美丽中国基本建成，21 世纪中叶完全建成。2019 年两会期间，习近平在
参加内蒙古代表团审议时强调，五位一体的生态布局、人与自然和谐共生
的基本方略、绿色发展理念、污染防治环保攻坚战。④ 在参加福建代表团审
议时，他强调"多做经济发展和生态环境相协调促进的文章"⑤。2019 年 4
月 28 日，习近平在北京世界园艺博览会开幕式上的讲话中提出，"我们应
该追求人与自然和谐、追求绿色发展繁荣、追求热爱自然情怀、追求科学

---

① 《在深入推动长江经济带发展座谈会上的讲话》，《人民日报》2019 年 9 月 1 日。
② 中共中央党史和文献研究院编《十九大以来重要文献选编》（上），中央文献出版社，
　 2019，第 443 页。
③ 中共中央党史和文献研究院编《十九大以来重要文献选编》（上），中央文献出版社，
　 2019，第 454~458 页。
④ 《习近平参加内蒙古代表团审议》，中国网，2019 年 3 月 5 日，http：//www.china.com.cn/
　 lianghui/news/2019-03/05/content_74535867.shtml？a=true&f=pad&ivk_sa=1023197a。
⑤ 《习近平参加福建代表团审议》，新华网，2019 年 3 月 10 日，http：//www.xinhuanet.com/
　 politics/leaders/2019-03/10/c_1124217107.htm。

治理精神、追求携手合作应对"①。2019年9月18日，习近平在黄河流域生态保护和高质量发展座谈会上提到，"共同抓好大保护，协同推进大治理，让黄河成为造福人民的幸福河"②。对于黄河流域生态保护和高质量发展的主要目标任务，习近平提出，"要坚持山水林田湖草综合治理、系统治理、源头治理，统筹推进各项工作，加强协同配合，推动黄河流域高质量发展"。第一，加强生态环境保护；第二，保障黄河长治久安；第三，推进水资源节约集约利用；第四，推动黄河流域高质量发展；第五，保护、传承、弘扬黄河文化。③2020年4月10日，习近平在中央财经委员会第七次会议上的讲话中提到，"只有更好平衡人与自然的关系，维护生态系统平衡，才能守护人类健康。要深化对人与自然生命共同体的规律性认识，全面加快生态文明建设。生态文明这个旗帜必须高扬"④。2021年4月22日，习近平在"领导人气候峰会"上进行讲话，提倡国际社会坚持人与自然和谐共生；坚持绿色发展；坚持系统治理；坚持以人为本；坚持多边主义。⑤2021年4月30日，习近平在十九届中央政治局第二十九次集体学习时的讲话中指出，坚持不懈推动绿色低碳发展，要解决好推进绿色低碳发展的科技支撑不足问题，加强碳捕集利用和封存技术、零碳工业流程再造技术等科技攻关，支持绿色低碳技术创新成果转化；深入打好污染防治攻坚战；提升生态系统质量和稳定性；积极推动全球可持续发展；提高生态环境领域国家治理体系和治理能力现代化水平。⑥2021年10月12日，习近平在《生物多样性公约》第十五次缔约方大会领导人峰会上的主旨讲话中提出，以生态文明建设为引领，协调人与自然关系。以绿色转型为驱动，助力全球可持续发展。以人民福祉为中心，促进社会公平正义。以国际法为基础，维护公平

---

① 习近平：《共谋绿色生活，共建美丽家园》，《人民日报》2019年4月29日。
② 《共同抓好大保护协同推进大治理 让黄河成为造福人民的幸福河》，《人民日报》2019年9月20日。
③ 《共同抓好大保护协同推进大治理 让黄河成为造福人民的幸福河》，《人民日报》2019年9月20日。
④ 《国家中长期经济社会发展战略若干重大问题（2020年4月10日）》，旗帜网，2020年4月13日，http://www.qizhiwang.org.cn/n1/2022/0408/c443708-32394796.html?eqid=9067ffec00097d5900000003643aa9b3。
⑤ 习近平：《共同构建人与自然生命共同体》，《人民日报》2021年4月23日。
⑥ 《努力建设人与自然和谐共生的现代化》，《人民日报》2022年6月1日。

合理的国际治理体系。① 2022 年 11 月 5 日，习近平在《湿地公约》第十四届缔约方大会开幕式上致辞，"要凝聚珍爱湿地全球共识，深怀对自然的敬畏之心"②。2022 年 12 月 15 日，习近平在《生物多样性公约》第十五次缔约方大会第二阶段高级别会议开幕式上的致辞中提到，"实现全球可持续发展，唯有团结合作，才能有效应对全球性挑战"③。

一　习近平生态文明思想的主要内容

（一）逐步形成"绿水青山就是金山银山"理论

2005 年 8 月 15 日，习近平在浙江省安吉县余村调研时，首次提出"绿水青山就是金山银山"的理念。同年 8 月 24 日，习近平发表题为《绿水青山也是金山银山》的文章。2006 年 3 月 26 日，习近平发表题为《从"两座山"看生态环境》的文章，他对"两山"理念进一步做出阐释，"我们追求人与自然的和谐、经济与社会的和谐，通俗地讲，就是要'两座山'：既要金山银山，又要绿水青山。这'两座山'之间是有矛盾的，但又可以辩证统一。可以说，在实践中对这'两座山'之间关系的认识经过了三个阶段：第一个阶段是用绿水青山去换金山银山，不考虑或者很少考虑环境的承载能力，一味索取资源。第二个阶段是既要金山银山，但是也要保住绿水青山，这时候经济发展和资源匮乏、环境恶化之间的矛盾开始凸显出来，人们意识到环境是我们生存发展的根本，要留得青山在，才能有柴烧。第三个阶段是认识到绿水青山可以源源不断地带来金山银山，绿水青山本身就是金山银山，我们种的常青树就是摇钱树，生态优势变成经济优势，形成了一种浑然一体、和谐统一的关系"④。绿水青山就是金山银山，这是重要的发展理念，是实现可持续发展的内在要求，也是推进现代化建设的重大原则。人不负青山，青山定不负人。绿水青山既是自然财富、生态财富，又是社会财富、经济财富。要把绿水青山建得更美，把金山银山做得更大，

---

① 习近平：《共同构建地球生命共同体》，《人民日报》2021 年 10 月 13 日。

② 习近平：《珍爱湿地 守护未来 推进湿地保护全球行动》，《人民日报》2022 年 11 月 6 日。

③ 《习近平在〈生物多样性公约〉第十五次缔约方大会第二阶段高级别会议开幕式上的致辞（全文）》，中国政府网，2022 年 12 月 16 日，https://www.gov.cn/xinwen/2022-12/16/content_5732340.htm。

④ 习近平：《之江新语》，浙江人民出版社，2007，第 186 页。

切实做到生态效益、经济效益、社会效益同步提升，实现百姓富、生态美的有机统一。

（二）良好生态环境就是最普惠的民生福祉

民生是人民幸福之基、社会和谐之本。中国共产党一直坚持立党为公、执政为民，增进民生福祉是中国共产党立党为公、执政为民的本质要求。党的十八大后，中国特色社会主义开始进入新时代，党的十九大报告中指出，中国的主要矛盾变成人民日益增长的美好生活需要和不平衡不充分的发展之间的矛盾。随着我国综合国力的不断强盛，人民不仅对物质文化生活提出了更高要求，而且在民主、法治、公平、正义、安全、环境等方面的要求也日益增长。良好的生态环境是最普惠的民生福祉，生态环境关系人民群众的生活质量，良好的生态环境可以使人民获得幸福感。2013 年 4 月 10 日，习近平在海南考察工作结束时提到，"纵观世界发展史，保护生态环境就是保护生产力，改善生态环境就是发展生产力。良好生态环境是最公平的公共产品，是最普惠的民生福祉。对人的生存来说，金山银山固然重要，但绿水青山是人民幸福生活的重要内容，是金钱不能代替的。你挣到了钱，但空气、饮用水都不合格，哪有什么幸福可言"①。2016 年 8 月 24 日，在青海省考察工作结束时，他讲道："现在，我们已到了必须加大生态环境保护建设力度的时候了，也到了有能力做好这件事情的时候了。一方面，多年快速发展积累的生态环境问题已经十分突出，老百姓意见大、怨言多，生态环境破坏和污染不仅影响经济社会可持续发展，而且对人民群众健康的影响已经成为一个突出的民生问题，必须下大气力解决好。另一方面，我们也具备解决好这个问题的条件和能力了。过去由于生产力水平低，为了多产粮食不得不毁林开荒、毁草开荒、填湖造地，现在温饱问题稳定解决了，保护生态环境就应该而且必须成为发展的题中应有之义。"②生态环境保护既是重大经济问题，也是重大社会和政治问题。发展经济归根结底是为了人民群众的美好幸福生活，如果为了发展经济把人民群众的

---

① 中共中央文献研究室编《习近平关于社会主义生态文明建设论述摘编》，中央文献出版社，2017，第 4 页。

② 中共中央文献研究室编《习近平关于社会主义生态文明建设论述摘编》，中央文献出版社，2017，第 14 页。

生产、生活环境给破坏了，就破坏了人民群众的根本利益，最后还要花大量的财力、人力恢复，代价巨大。不仅如此，生态环境没有替代品，用之不觉，失之难存。在发展的同时，要始终坚持生态惠民、生态利民、生态为民，要重点解决损害群众健康的突出环境问题。

（三）绿色发展是发展观的深刻革命

进入新发展阶段，我们要完整准确贯彻创新、协调、绿色、开放、共享的新发展理念，其中绿色发展是永续发展的必要条件和人民对美好生活追求的重要体现，绿色发展注重的是解决人与自然和谐共生问题。推动绿色发展，就是要坚持和贯彻新发展理念，正确处理经济发展和生态环境保护的关系；就是要坚持绿水青山就是金山银山的理念，把经济活动、人的行为限制在自然资源和生态环境能够承受的限度内，有效防止在开发利用自然上走弯路。坚持绿色发展，就要促进经济社会发展全面绿色转型，建立健全绿色低碳循环发展经济体系、促进经济社会发展全面绿色转型是解决我国生态环境问题的基础之策。要坚持源头防治，调整"四个结构"，进行产业结构的调整，减少过剩和落后产能；调整能源结构，大力推动清洁能源的利用，推动可再生能源的利用；调整运输结构，坚守公路运输量，增加铁路运输量；调整用地结构，降低工业用地比例。力争 2030 年前实现碳达峰，2060 年前实现碳中和，这是我国对国际社会的承诺，体现了我国的大国担当，同时，推进"双碳"工作是破解资源环境约束突出问题、实现可持续发展的迫切需要，是顺应技术进步趋势、推动经济结构转型升级的迫切需要，是满足人民群众日益增长的优美生态环境需求、促进人与自然和谐共生的迫切需要，是主动担当大国责任、推动构建人类命运共同体的迫切需要。对此，习近平指出，"绿色发展是生态文明建设的必然要求，代表了当今科技和产业变革方向，是最有前途的发展领域"[①]。"坚持绿色发展是发展观的一场深刻革命。要从转变经济发展方式、环境污染综合治理、自然生态保护修复、资源节约集约利用、完善生态文明制度体系等方面采

---

① 中共中央文献研究室编《习近平关于社会主义生态文明建设论述摘编》，中央文献出版社，2017，第 34 页。

取超常举措，全方位、全地域、全过程开展生态环境保护。"①

（四）统筹山水林田湖草沙系统治理

生态系统是一个有机生命躯体，山水林田湖草沙是生命共同体。推进生态文明建设，要更加注重综合治理、系统治理、源头治理，按照生态系统的整体性、系统性及其内在规律，统筹考虑自然生态各要素、山上山下、地上地下、岸上水里、城市乡村、陆地海洋以及流域上下游，进行整体保护、系统修复、综合治理，增强生态系统循环能力，维护生态平衡。2013年11月发布的《关于〈中共中央关于全面深化改革若干重大问题的决定〉的说明》中提到，"山水林田湖是一个生命共同体，人的命脉在田，田的命脉在水，水的命脉在山，山的命脉在土，土的命脉在树。用途管制和生态修复必须遵循自然规律，如果种树的只管种树、治水的只管治水、护田的单纯护田，很容易顾此失彼，最终造成生态的系统性破坏。由一个部门行使所有国土空间用途管制职责，对山水林田湖进行统一保护、统一修复是十分必要的"②。"城市规划建设的每个细节都要考虑对自然的影响，更不要打破自然系统。"③ 这就要求我们在生态环境的治理中，坚持系统观念。系统观念是具有基础性的思想和工作方法，马克思主义唯物辩证法认为事物是普遍联系的，任何事物都处于一定的联系中，事物之间以及事物内部各个要素之间都是相互影响、相互作用的。我们要用联系的观点、系统的观点去看待事物和解决问题，从系统论出发，增强全局观念，在多重目标中寻求动态平衡。习近平在十八届中央政治局第四十一次集体学习时的讲话中提到，"加大环境污染综合治理。要以解决人民群众反映强烈的大气、水、土壤污染等突出问题为重点，全面加强环境污染防治"④。坚持系统治理，不断提升生态系统质量和稳定性，严守生态保护红线、永久基本农田、

---

① 中共中央文献研究室编《习近平关于社会主义生态文明建设论述摘编》，中央文献出版社，2017，第38页。

② 中共中央文献研究室编《习近平关于社会主义生态文明建设论述摘编》，中央文献出版社，2017，第47页。

③ 中共中央文献研究室编《习近平关于社会主义生态文明建设论述摘编》，中央文献出版社，2017，第49页。

④ 中共中央文献研究室编《习近平关于社会主义生态文明建设论述摘编》，中央文献出版社，2017，第76页。

城镇开发边界三条控制线；加强生物多样性保护，生物多样性关系人类福祉，是人类赖以生存和发展的重要基础；同时构建以国家公园为主体的自然保护地体系，保持自然生态系统的原真性和完整性；统筹山水林田湖草沙治理，要坚持保护优先、以自然恢复为主，深入推进生态保护和修复，科学布局全国重要生态系统和修复重大工程，从自然生态系统演替规律和内在机理出发，统筹兼顾、整体实施，着力提高生态系统自我修复能力，增强生态系统稳定性，促进自然生态系统质量整体提高和生态产品供给能力全面增强。

（五）用最严格制度、最严密法治保护生态环境

习近平在十八届中央政治局第六次集体学习时的讲话中提到，"从制度上来说，我们要建立健全资源生态环境管理制度，加快建立国土空间开发保护制度，强化水、大气、土壤等污染防治制度，建立反映市场供求和资源稀缺程度、体现生态价值、代际补偿的资源有偿使用制度和生态补偿制度，健全生态环境保护责任追究制度和环境损害赔偿制度，强化制度约束作用"[①]。《关于〈中共中央关于全面深化改革若干重大问题的决定〉的说明》也提到，"健全国家自然资源资产管理体制是健全自然资源资产产权制度的一项重大改革，也是建立系统完备的生态文明制度体系的内在要求""全会决定提出健全国家自然资源资产管理体制的要求。总的思路是按照所有者和管理者分开和一件事由一个部门管理的原则，落实全民所有自然资源资产所有权，建立统一行使全民所有自然资源资产所有权人职责的体制"[②]。生态治理是长期且动态的过程，生态制度的建设能使污染防治和环境保护长期坚持，强制性的法律和规范性的体制可以为生态文明建设提供强有力的保障，以最严密的生态环境保护制度使其生产生活行为更加合理化、秩序化。

---

① 中共中央文献研究室编《习近平关于全面深化改革论述摘编》，中央文献出版社，2014，第 105 页。
② 中共中央文献研究室编《习近平关于全面深化改革论述摘编》，中央文献出版社，2014，第 108 页。

二 新时代生态文明建设的特征

(一) 以多元共治发挥协同作用

中国特色社会主义进入新时代，在生态治理方面，不再是政府单一地推进生态环境的建设，政府、企业、公众成为生态治理三大不可缺失的部分。在中国共产党的领导下，以政府为主导，以企业为主体，公众积极参与其中。首先，政府是生态文明建设的第一责任人，从世界范围看，生态环境治理成果比较好的国家，例如德国、日本、荷兰等国家，政府在其中都发挥了十分重要的主导作用。我国是世界上最大的发展中国家，最突出的国情就是人口众多，人均资源匮乏，生态环境问题成为阻碍经济发展的重大问题，同时中国是社会主义国家，能发挥集中力量办大事的优势。政府是生态文明建设的顶层设计者，生态文明建设是一个系统工程，需要多方面综合考虑，涉及经济、政治、文化、法治等多方面，必须科学、合理、系统地进行规划，这就需要政府对生态文明建设进行顶层设计，提出生态文明观、明确生态文明目标，建立和完善生态文明建设体制和机制，发展和完善生态文明的相关产业，等等。其次，企业是生态文明建设的重要责任主体，改革开放后，经济迅速发展，我国的发展方式是粗放型的，企业在发展过程中忽视了保护生态环境的社会责任，对废水、固体废弃物等的违规处理，造成严重的工业污染等问题。随着社会对工业文明带来的对环境破坏的认识，企业也应该承担起生态环境保护的社会责任，积极主动参与产品环境标志认证，"产品环境标志，也称绿色标签、生态标志等，是对产品的环境性能的一种带有公正性质的鉴定，是对产品的全面的环境质量的评价"[①]。中国在 1993 年开始推行环境标志计划，1994 年 5 月成立了中国环境标志产品认证委员会。截至 2012 年，中国环境标志已有 91 个大类，近2000 家企业，3 万多个规格型号的产品通过了中国环境标志认证。[②] 积极主动参与环境标志认证是企业承担生态文明建设责任的重要体现，企业内部还可推行绿色战略，树立绿色经营的企业理念，严格遵循国家环保法律法

---

① 陈宗兴主编《生态文明建设（实践卷）》，学习出版社，2014，第 1014 页。
② 《积极推动中国环境标志产品认证》，中国合格评定国家认可委员会，2012 年 6 月 7 日，https：//www.cnas.org.cn/rdzt/sjrkrzt/ssbd/2012/06/721430.shtml。

规，自觉约束自身，以国家环境标准为准绳，严格把控环境质量安全。最后，生态文明的建设需要公众的积极参与，美丽中国的建设不仅需要政府和企业，更需要全体人民群众，人民群众既是良好生态环境的享有者也是生态文明建设的推进者、直接参与者。加快转变绿色生活方式，在全社会树立勤俭节约的消费观，使生活方式和消费模式转向低碳、绿色，积极引导消费者使用和购买新能源汽车，使用布质购物袋，节约用水，自行车出行，推进公共机构消费绿色转型。

（二）以美丽中国为目标任务

党的十八大报告中，胡锦涛首次提出建设美丽中国，这里的美丽中国还只是单一地指进行生态建设，保护生态环境。党的十九大报告首次将"美丽"纳入新时代的社会主义现代化建设目标，指出要把我国建成富强、民主、文明、和谐、美丽的社会主义现代化强国。这里的"美丽"有着更深层次的内涵，不仅要保证自然环境的优美、干净，还要保证人民群众对良好生态产品、舒适的居住环境等的要求，同时整个社会崇尚尊重自然、保护自然的社会风气。在法治体制方面，对于建设生态文明的法律更加完善，建立促进生态文明建设的体制，保障生态建设的长期进行。还要以"美丽中国"的理念进行国际交流，共同解决全球生态问题，以"美丽中国建设"推动绿色地球发展。党的十九届五中全会再次强调2035年要广泛形成绿色生产生活方式，碳排放达峰后稳中有降，生态环境根本好转，美丽中国建设目标基本实现。到2050年，建成美丽强国。建设美丽中国是"十四五"规划的重要目标，这是迈向生态文明新时代、实现社会主义现代化中国梦的重要内容。美丽中国的目标要求是对习近平生态文明思想的升华、拓展，将生态建设从一个国家社会发展其中的一方面，上升为国家层面的新战略目标，成为一个国家发展的理想状态。这一理念体现了人们在对自然改造的过程中，不断对生态系统的协调进行努力，在精神层面追求纯粹、美好。

（三）以绿色发展为核心理念

绿色发展是一种新的发展理念，不仅涉及经济、生态，更涉及生活生产的方方面面。"我们将更加注重绿色发展。我们将把生态文明建设融入经济社会发展各方面和全过程，致力于实现可持续发展。我们将全面提高适应气候变化能力，坚持节约资源和保护环境的基本国策，建设天蓝、地绿、水清的美丽中国。"① "两山论"是绿色发展理念的核心内容，其解答了生态环境和经济发展之间的关系。习近平在浙江工作时，就强调"生态环境是资源，是资产，是潜在的发展优势和效益"②。促进绿色发展就要全面促进资源节约集约利用，树立节约集约循环利用的资源观，重视资源的再生循环利用，用最少的资源环境代价取得最大的经济社会效益，推动重点领域低碳循环发展，加强高能耗行业能耗管理。农业方面注重农业面源污染防治，实现投入品减量化、生产清洁化、废弃物资源化、产业模式生态化。同时我国对国际社会做出承诺，力争 2030 年前实现碳达峰，2060 年前实现碳中和，这就要求我国要积极推进产业优化升级，加快绿色低碳科技革命，加强创新能力建设。习近平在 2015 年 3 月 29 日同出席博鳌亚洲论坛年会的中外企业家代表座谈会时讲道："中国的绿色机遇在扩大。我们要走绿色发展道路，让资源节约、环境友好成为主流的生产生活方式。我们正在推进能源生产和消费革命，优化能源结构，落实节能优先方针，推动重点领域节能。"③ 对于绿色发展，他认为"绿色发展注重的是解决人与自然和谐问题。绿色循环低碳发展，是当今时代科技革命和产业变革的方向，是最有前途的发展领域，我国在这方面的潜力相当大，可以形成很多新的经济增长点"④。

（四）以人民群众为中心立场

生态环境是关系中国共产党使命宗旨的重大政治问题，也是关系民生的重大社会问题。生态环境问题的本质是社会公平问题，生态环境问题是事关我国社会和政治建设的重大问题，处理好生态环境问题有利于我国社

---

① 《习近平在亚太组织工商领导人峰会上的演讲》，中国政府网，2015 年 11 月 18 日，https：//www.gov.cn/xinwen/2015-11/18/content_5014112.htm。

② 习近平：《干在实处 走在前列：推进浙江新发展的思考与实践》，中共中央党校出版社，2006，第 190 页。

③ 中共中央文献研究室编《习近平关于社会主义生态文明建设论述摘编》，中央文献出版社，2017，第 26 页。

④ 中共中央文献研究室编《习近平关于社会主义生态文明建设论述摘编》，中央文献出版社，2017，第 28 页。

会的和平稳定，有利于保障人民群众的切身利益。我国进入中国特色社会主义新时代，社会主要矛盾已经发生转化，人民群众对良好的生态环境和优质的生态产品的需求明显增加，在生态环境治理的全过程，必须坚持以人民群众为中心立场，解决人民群众真正的、迫切的生态环境诉求。习近平在十八届中央政治局第六次集体学习时讲道："生态环境保护是功在当代、利在千秋的事业。在这个问题上，我们没有别的选择。全党同志都要清醒认识保护生态环境、治理环境污染的紧迫性和艰巨性，清醒认识加强生态文明建设的重要性和必要性，真正下决心把环境污染治理好、把生态环境建设好，为人民创造良好生产生活环境。"①

（五）以国际合作显大国担当

中国一直积极参与全球的生态环境保护与治理，并且积极推动全球的可持续发展，以世界眼光关注人类的前途命运。"我们要坚持同舟共济、权责共担，携手应对气候变化、能源资源安全、网络安全、重大自然灾害等日益增多的全球性问题，共同呵护人类赖以生存的地球家园。"② 2014 年 11 月 16 日，习近平在出席二十国集团领导人第九次峰会第二阶段会议时，就承诺计划 2030 年左右达到二氧化碳排放峰值，到 2030 年非化石能源占一次能源消费比重提高到 20% 左右，这是我国对国际社会做出的郑重承诺，也体现出我国作为发展中大国的担当。2016 年 4 月 5 日，习近平在参加首都义务植树活动时的讲话指出，"建设绿色家园是人类的共同梦想。我们要着力推进国土绿化、建设美丽中国，还要通过'一带一路'建设等多边合作机制，互助合作开展造林绿化，共同改善环境，积极应对气候变化等全球性生态挑战，为维护全球生态安全作出应有贡献"③。2017 年，中国同联合国环境署等国际机构发起建立"一带一路"绿色发展国际联盟，打造"绿色丝绸之路"。

---

① 中共中央文献研究室编《习近平关于社会主义生态文明建设论述摘编》，中央文献出版社，2017，第 7 页。
② 中共中央文献研究室编《习近平关于社会主义生态文明建设论述摘编》，中央文献出版社，2017，第 128 页。
③ 中共中央文献研究室编《习近平关于社会主义生态文明建设论述摘编》，中央文献出版社，2017，第 138 页。

乡村生态环境治理参与模式的案例

第一章　上海超大规模城市市郊乡村产业共富模式的实践探索

一　案例背景

改革开放以来，中国的现代化进程不断加快，创造了举世瞩目的中国奇迹，但是长期以来仍然存在一些问题，例如城乡二元格局固化导致城乡差距较大、农业乡村现代化程度低、城乡要素流动不畅、乡村社会治理滞后等，阻碍了中国式现代化的进一步推进。正是在这一背景下，党的十九大报告提出了乡村振兴战略以应对新时代"三农"问题，推动乡村发展，实现城乡共同富裕，是中国式现代化的必经之路。一般来讲，人们的目光普遍聚焦于经济欠发达地区的乡村，而对经济发达地区的乡村关注较少，[①]很多人认为大都市没有乡村或者大都市的乡村是富裕的，然而现实是由于虹吸效应、中心城区对市郊乡村挤压效应的存在，这些地区的乡村发展反而落后于周边乡村。大都市发展需不需要乡村的支撑？大都市市郊乡村发展的战略定位是什么？大都市乡村振兴的实施路径具体是什么？这些都是亟待回答的现实问题。上海是超大规模的国际化大都市，其市郊乡村的发展具有示范性、代表性意义，找准上海大都市乡村发展的需求和上海郊区新的战略定位，是实现上海城乡融合发展、推动乡村振兴的关键，也是探索超大城市乡村振兴示范发展的新模式。

从超大规模城市的外溢效应来看，国际化大都市的社会、经济、文化自身需要和内生动力，强力推进了要素的集聚和辐射流动，[②]这是当前上海

[①]　熊易寒、俞驰韬：《边缘崛起：国际化大都市背景下的乡村振兴》，《理论与改革》2022 年第 4 期。

[②]　刘旭辉、李璐璐、李攀：《上海超大城市农业农村现代化的路径探索》，《江南论坛》2023 年第 7 期。

超大规模城市市郊乡村实现跨越式发展的机遇。第一，城乡融合发展的空间优势。上海具有完备的基础设施、高质量的公共服务和较高的城市治理水平，通过城乡融合发展，完善郊区基础设施，提高乡村治理水平，构建普惠型的城市公共服务体系，例如嘉定、青浦、松江、奉贤、南汇"五大新城"①重在通过发挥要素集聚功能，为周边镇域乡村服务与治理水平的提升赋能。第二，承接大都市外溢的人才优势。由于生活成本较低、自然环境良好、交通便利等因素，大都市郊区乡村有机会吸引大量的都市外来务工人员、外来务农者和高技能的新型职业农民、乡村创业者群体，同时逆城市化让中产阶层向镇域空间和乡村空间转移，有利于发挥人才优势带动乡村发展。第三，超大规模城市资本下乡与产业融合优势。近年来得益于新城建设和乡村振兴的政策利好，上海乡村开始由"大树下面不长草"向"大树底下好乘凉"转变，和其他城市相比，作为超大规模城市的上海聚集了规模更庞大、性质更多元的资本要素，这为城乡产业融合发展奠定了基础。政府通过积极引导城市工商资本等各类资本进入乡村，建立健全多元投融资体制机制，清除阻碍民间资本下乡的各种障碍，有利于弥补乡村经济社会发展中资本不足的短板，进而有利于发展现代农业、适合乡村的新兴产业，改造传统非农产业，培育数字乡村新业态，实现产业兴旺和城乡产业融合发展。②

从上海市郊乡村共同富裕模式来看，通过发展乡村产业实现共同富裕是比较符合超大城市市郊乡村发展规律和城乡融合发展需要的。现实来看，上海乡村的生态、历史等资源都不具备不可替代性，不足以支撑实现城乡融合发展的共同富裕。在乡村产业发展方面，上海乡村展现出优于江浙乡村的明显优势，更有可持续性，超大规模城市市郊的乡村具有重要的经济价值，依托超大城市丰富的科技资源、人才资源和市场资源，郊区乡村在发展都市现代农业、科技农业等产业上具备天然优势。随着郊区公共配套设施的完善，乡村也可以通过吸引中小企业和轻资产入驻，发展现代服务业和先进制造业。由此，我们看到上海市郊发展乡村产业新业态、新模式，可以让沉睡的资源变成农民致富、乡村发展的源头活水。当中心城区缺乏

① 五大新城，百度百科，https://baike.baidu.com/item/五大新城/63635345?fr=ge_ala。
② 王阳、吴蓉：《治理性融合与都市腹地乡村的振兴逻辑——基于沪郊乡村振兴经验的思考》，《学习与实践》2023年第6期。

新的动能和增长点时，后发展的郊区和乡村预留的资源和要素为城市下一轮发展提供了契机和动力。

2007 年，习近平深入郊区乡村，走田头、访农户、听民声、摸民情、解民忧，足迹遍布上海郊区乡村，在"三农"发展战略、发展现代农业、推进乡村建设等 8 个方面做出重要指示。党的十八大以后，习近平先后 6 次到上海考察，从上海自由贸易试验区到张江科学城再到进口博览会，要求上海推进"五个中心"建设，也就是建设国际经济中心、金融中心、贸易中心、航运中心、科技创新中心；从中共一大会址到浦东新区城市运行综合管理中心再到杨浦滨江，要求上海弘扬伟大建党精神，践行人民城市理念，先行先试、改革创新，走出一条中国特色超大城市管理新路子。在 2023 年长三角一体化发展座谈会上，习近平突出强调农业科技创新的重要作用，坚持发展农业新技术、新模式、新业态，引领和支撑都市现代农业高质量发展，助推我国加快实现高水平农业科技自立自强。① 乡村是上海的稀缺资源、城市核心功能的重要承载地、提升城市能级和核心竞争力的战略空间，更要坚持以人民为中心，发挥超大规模城市乡村的经济价值、生态价值、美学价值，保留乡村传统生活方式，走出一条与上海超大城市功能定位相匹配的乡村振兴之路。

本案例通过总结上海奉贤区吴房村和浦东新区外灶村的乡村产业共富建设经验，探索大都市乡村建设的功能定位和乡村振兴的实践路径，着重提炼其在乡村振兴过程中提高产业创新融合能力和解决产业转型中突出矛盾的方法，从发挥产业发展对村集体经济增长、村民增收的拉动作用出发，探讨都市乡村实现产业共富的实践路径。

二　案例呈现

（一）浦东新区书院镇外灶村基本情况

"十四五"时期，浦东新区改革开放再出发，引领新一轮高水平开放，倒逼浦东乡村振兴工作进一步提质增效。2021 年出台的《中共中央 国务院关于支持浦东新区高水平改革开放打造社会主义现代化建设引领区的意见》

① 《习近平主持召开深入推进长三角一体化发展座谈会》，"新华网"百家号，2023 年 11 月 30 日，https://baijiahao.baidu.com/s? id = 1783988454999342634&wfr = spider&for = pc。

明确浦东新区五大战略定位，即更高水平改革开放的开路先锋、自主创新发展的时代标杆、全球资源配置的功能高地、扩大国内需求的典范引领、现代城市治理的示范样板。2021 年发布的《浦东新区乡村振兴"十四五"规划》指出，浦东新区要成为城乡融合发展先行区、农业农村现代化引领区、乡风文明治理样板区，完善"一带多点"乡村振兴空间布局，将南汇新城作为承载新增人口的主要空间载体，提升郊区新市镇的人口密度，鼓励乡村人口向城镇集中，重点推进中部乡村振兴示范带建设，同时推进其他零星涉农区域乡村振兴建设。2022 年浦东新区出台《区属企业参与乡村振兴建设发展行动方案》，要求全面推动区属企业参与乡村振兴，新区将以"一村一品一联合体"为主要模式，区属企业全面参与创建方案和村庄设计编制，积极助力结对村编制完成各具特色的创建主题和村庄设计方案，并重点形成各村产业发展重点项目。根据各片区功能定位和发展重点，打造 4 个类型的乡村振兴示范村和美丽乡村示范村片区，即特色产业型、休闲旅游型、区域联动型、生态涵养型。

书院镇属于上文中提到的"特色产业型"发展片区，2023 年发布的《书院镇现代城镇建设专项行动计划（2023—2025）》指出，书院镇将衔接临港新片区新兴产业片区规划、工业园区产业发展等相关规划，结合自身实际和资源禀赋布局产业。书院镇以蔬果花卉为特色，推进农业生产专业化、品牌化、科技化，不断增加农产品附加值。近年来，书院镇依托此前落地的集成电路龙头企业基地，围绕"东方芯港"特色产业园区整体发展需求，全力打造集成电路特色产业园区。围绕轨道交通地铁 16 号线做好站城一体综合开发，打造以绿色宜居、智慧便捷为特色的研发服务社区。外灶村于 2002 年 11 月由原外灶村、里灶村合并组成，位于书院镇中东部，属于南汇新城的郊野临港绿心范围，周边环绕着已经建成或规划建设的北部新兴产业片区、东部综合产业片区及南汇新城主城区，临港大道沿线西侧 2 公里是市区连接临港的地铁 16 号线书院站。外灶村下设 24 个村民小组，2300 多户农村居民，居住人口 7300 多人，其中外来人口 1900 多人。[①] 外灶村的产业发展十分引人注目，外灶村积极响应 2023 年中央一号文件"探索资源发包、物业出租、居间服务、资产参股等多样化途径发展新型农村集

---

① 外灶村，百度百科，https://baike.baidu/item/外灶村/5200697?fr=ge_ala。

体经济"的号召和 2023 年发布的《浦东新区促进新型农村集体经济高质量发展三年行动计划（2023—2025 年）》的指示，积极发展乡村集体经济，探索多种产业业态融合发展，此次示范村创建以"科创田园、花香外灶"为主题，通过盘活、新增、回购的方式，建设"科创田园""书院工坊""花卉基地""社区书院"等产业项目，总投资约 2.5 亿元。近年来，外灶村先后成功创评市乡村振兴示范村、市美丽乡村示范村、市文明村、市示范性老年友好型社区。

（二）奉贤区青村镇吴房村基本情况

2021 年发布的《上海市奉贤区国民经济和社会发展第十四个五年规划和二〇三五年远景目标纲要》指出，奉贤区迎来进入新时代、建设国际化大都市、自贸区新片区建设、奉贤新城建设四个"百年一遇"的发展良机，"十四五"期间，奉贤要在"东方美谷·未来城市"的背景下重新思考乡村建设，以"三园一总部"为抓手，创新打造生态、文化、科技商务区，致力形成百座公园、千里绿廊、万亩林地、水天一色，让乡村成为发展的底色、亮色。要通过大力发展都市现代绿色农业、"互联网＋"智慧农业，增加农业附加值，擦亮"奉贤黄桃""庄行蜜梨"地理标志品牌。要紧紧抓住"国家农村宅基地制度改革试点"这一机遇，以房地产开发模式推动农民相对集中居住，深入实施"两个百万"工程，推动"三地三化"改革，加速城乡融合发展、空间蝶化。按照独立综合性节点城市定位，奉贤新城是资源要素聚集地，为上海未来发展构筑新的战略支点，也是城乡融合发展的关键桥头堡，为周边乡村农民的就地城市化提供了可能。

在此政策背景下，奉贤区青村镇形成了以汽车配套、文化创意、新能源、数字科技、生物医药为主的五大支柱产业。同时青村镇致力于点亮绿色田园，成功获批 2.1 万亩国家农村产业融合发展示范园项目，建设以黄桃产业振兴为主线，农区、镇区、园区"三区融合"的东方桃源综合产业片区，积极实施"三园一总部"战略。青村镇宜游宜乐，紧扣"水韵青溪"发展定位，以"产城融合、文旅兼备"为核心，植入海派文化基因、提炼江南文化精髓、兼顾水韵文化传承，已引进一尺花园、青溪时光邮局、九木杂物社等 60 余家特色企业，文化创意街区初具形态。此外，青村镇成功创建 2 个市级乡村振兴示范村，11 个市（区）级美丽乡村示范村，构筑起青村"全域乡村振兴"的"四梁八柱"。①

青村镇吴房村谐音得名"青春吴房（青村吴房）"，位于奉贤区青村镇西南部，距上海主城区仅 40 公里，全村村域面积为 1.99 平方公里，本村人口为 1215 人，外来人口为 300 人。② 吴房村历史底蕴厚重，是奉贤"贤文化"的发祥地。吴房村是上海第一批 9 个乡村振兴示范村之一，以"产业兴旺、生态宜居、乡风文明、治理有效、生活富裕"为指导方针，按照方针中产业兴旺的首要要求，考虑吴房村现有良好的黄桃产业基础，促进三次产业融合发展，打造"黄桃+IP"的产业模式，实现村庄转型，致力于将吴房村打造成"乡村振兴精品村"。2018 年以来，吴房村先后获评中国美丽休闲乡村、全国乡村旅游重点村、全国乡村治理示范村、上海市乡村振兴示范村、全国文明村、全国民主法治示范村、生态文化村等称号，是上海市新乡村改造的一个典型案例。

三 案例地推进产业共富建设的主要举措

（一）外灶村推进产业共富建设的主要举措

在外灶村推进乡村振兴的过程中，建立起多元主体的有序参与机制，其中多元主体包括区镇两级政府、村集体、村民以及第三方的企业与社会组织，区镇两级政府提供资金、政策支持，村集体进行招商引资和征地建设，村民出租土地房屋、实现就业并获得分红，一批国企、私企及第三方服务机构入驻为外灶村经济发展和生活保障水平的提升注入活力，其中在外灶村党组织的带领下打造的村企融合模式和村民参与集体经济营收分红模式是带动产业共富的重要抓手，以产业发展带动村集体经济增长和村民增收，为乡村产业共富提供外灶经验。

1. 坚持规划先行突出本土特色

作为第四批上海市乡村振兴示范村，外灶村能够成功入围示范村建设计划并取得如此成绩，与其提早谋划、准确把握资源优化、统筹各项资源并强化村庄设计引领有着直接关系。

---

① 《美了乡村富了农民 沪上这座千年古镇"水到渠成"》，人民网，2022 年 8 月 23 日，http://sh.people.com.cn/n2/2022/0823/c176737-40093349.html。

② 吴房村，百度百科，https://baike.baidu.com/item/吴房村/4868989?fr=ge-a/a。

在发展定位方面，综合考虑周边环境、现实资源条件，外灶村提出了"科创田园"定位，这与上位规划提出的田园办公导向吻合。同时，由于邻近临港鲜花港且村里原本也拥有花卉种植基础，花卉种业又具有较高经济价值等因素，外灶村决定将花卉作为重要增收产业，因而提出了"花香外灶"，由此形成"科创田园·花香外灶"的整体定位。

在村庄规划方面，外灶村与同济设计团队合作，提出未来外灶村的整体空间结构为"四轴、四片、四水、一带"。其中"四片"包括创新融合发展区、科技农业示范区、老街活力发展区、高新产业集聚区，"一带"即农业创新带，环绕"一带"并且连接村委会及建议实施改造的创业综合体，构建起环形的游览线路，沿线布局小节点，打造多场景游线体系，全方位展现外灶景观文化体系。

2. 政府与村集体加大产业支持力度

外灶村的发展定位为"科创田园·花香外灶"，围绕"创""田"，外灶村以为周边城镇和园区发展提供服务和配套，为在临港新片区发展的企业和人才提供更好的创业环境和生活支撑为目的，提出了四大类主导产业，即种源农业、创新研发、商务服务、文旅休闲，种源农业意在打造田园试验区，推动种源农业和智慧农业发展；创新研发旨在打造田园科创走廊，推进芯片创新研发；商务服务旨在打造集企业总部办公、商业洽谈、餐饮服务于一体的智慧科创商务园；文旅休闲则致力于发展休闲采摘、文化体验、科普教育、团建拓展（见图1-1）。同时部署并落地一系列重点产业项目，包括"科创田园""花卉基地""书院工坊"等。

这一系列产业和项目的启动资金离不开政府精准的资金投入，例如在"花卉基地"项目建设中，区镇两级政府投入资金共计6000万元；在"书院工坊"项目建设中，区镇两级政府投入资金共计2000万元；在外灶村推进乡村振兴示范村建设中，市区镇三级政府的资金投入高达2.5亿元。可靠的政府背书和大量的资金注入，推动了外灶村产业体系快速发展。

村集体在产业运作方面也发挥了重要作用，为争取足够的产业用地，村两委抓住机遇，积极协调用地指标，为高标准花卉基地建设做好充足准备。此外，"书院工坊"是第四批示范村创建中由村集体合作社作为建设主体拿地建设的项目，村两委在征地过程中顶住压力、克服困难把原有集贸

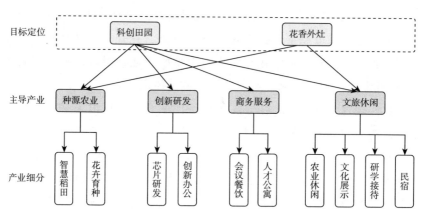

图 1-1　外灶村产业布局

市场进行清退改造。在村书记的带领下，村委会成为一个重要的招商窗口，通过合署办公机制，村干部通过不断的学习和自我提升，在招商引资、商务洽谈与项目运维等方面实现了提质增效。外灶村不断引入企业、资金、项目落地，村集体经济不断壮大，通过此次乡村振兴示范村建设，村集体增加固定资产 3000 万元。

3. 国企赋能乡村产业发展

2021 年，临港集团与书院镇人民政府签订战略合作协议，全面参与书院镇乡村振兴，旨在通过推动城乡融合发展，挖掘乡村非农经济领域的发展潜力，从而带动乡村的产业发展与兴旺。

从项目建设看，临港集团与外灶村合作的首发项目"科创田园"由临港浦东新经济发展有限公司承接，出资改造服装厂旧厂房，将其打造成集企业总部办公、科研创新、商务会展、人力资源、技能教育及文化休闲等功能于一体的智慧科创商务园，并配套建设了人才公寓，引入"一尺花园"咖啡店，形成一站式办公、住宿新环境。截至 2023 年 8 月，"科创田园"项目包括 3 幢商业办公楼和 3 幢人才公寓，将建成约 3000 平方米的众创空间，已招引企业 200 余家，注册资本金累计 32 亿元，其中"惟吾德芯"等12 家芯片产业项目实体入驻，2022 年实现税收贡献近 5000 万元。2023 年将力争实现引进企业 120 家、税收贡献 1 亿元、项目整体出租率 90% 以上的目标，促进"科创田园"整体有序运营。[1] 同时引入临港弘博新能源发展有限公司打造 BIPV 光伏项目，该项目结合建筑业态及田园风光场景，并首次引进 BIPV 光伏瓦技术，实现了发电效益及建筑美学的兼顾统一，为书院镇外灶村打造乡村碳中和生态循环示范区提供有力抓手，从绿色能源端助力外灶村乡村振兴工作。项目已完工并开始并网发电。预计年均发电量为 19 万千瓦时，年均减排二氧化碳共 159 吨，打造乡村碳中和生态循环示范区。[2]

从村企合作模式看，外灶村的闲置资源被盘活、村集体经济快速发展，国有企业在抢抓市场机遇和拓宽发展空间的同时也承担了社会责任，建立起高效共赢的村企合作模式。在"花卉基地"项目中，村集体可获设施、设备租用费和项目盈利的 70%，在"科创田园"项目中，村集体将闲置厂房租给临港集团的租金收入为每年 60 万元，同时还获得 5% 的地征和企业税收红利的 30%，为后期村集体经济组织壮大以及实现村民稳定可持续增收奠定了基础。此外通过村企合作，外灶村探索更多城乡绿色合作新模式，助推乡村能源革命，赋能乡村绿色发展。

4. 村民共享产业发展成果

外灶村各方面建设如火如荼进行，吸引村民自主创业、青年返乡创业、民营资本涌入，拓宽了村民参与乡村产业振兴的途径，极为有力地带动了村民增收，在产业共富的道路上大步向前。从农民增收途径来看，农民增收途径多元化，形成了"租金+股金+分红+薪金+补贴+保障金"的收入模式，具体列举如下。

第一，农房出租。乡村振兴示范村的红利带来了新的经济增长点，激活了村民的闲置农房资源，目前外灶村已经有 3 套房子有民营资本介入，对闲置农房进行承租、翻建，例如湖北商会对闲置农房进行改造租用，在租金照付的基础上，承担了所有的翻新装修费用，租期 15 年到期后村民不仅

① 《助力乡村振兴，浦东积极推进新型农村集体经济高质量发展》，"新闻晨报"百家号，2023 年 8 月 8 日，https://baijiahao.baidu.com/s?id=1773615864657187465&wfr=spider&for=pc。
② 《绿色赋能，乡村振兴丨书院镇科创田园、书院工坊 BIPV 光伏项目正式并网!》，"书院之窗"微信公众号，2023 年 11 月 15 日，https://mp.weixin.qq.com/s?__biz=MzAwOTgxODkyNQ==&mid=2651517893&idx=2&sn=af8990f7b242a9dc688d73d9f4d56768&chksm=80a79587b7d01c911af56e356ea0312ef6de1693baee8abbbe9ff12e434723f5417fb6d45f95&scene=27。

获得了租金收入，房子依然是自己的，而且因装潢高端可以在重新议价中占据主动权。

第二，土地流转。外灶村大部分土地进行了流转，规模化种植达 1800 亩，村民将土地进行流转可获 2150 元/（亩·年）的土地流转收入，其中包括土地流入方的租金 1150 元/（亩·年），以及区财政根据 2020 年浦东新区出台的《关于印发〈浦东新区农民增收专项资金管理办法〉的通知》给予的 1000 元/（亩·年）的乡村土地经营权补贴。

第三，村集体收益分红。2023 年 4 月，外灶村成为书院镇第一个实施村集体收益分红的村庄，根据村民农龄进行分红，共计农龄 17 万，按照 5 元/份的标准，发放分红金额共计 80 余万元，惠及 7500 余人。此外，上文提到外灶村部署了一系列重点产业和项目，村委书记汪敏指出，"抓实质性项目是为全体村民挣家当，孵化下金蛋的鸡"。以"书院工坊"项目为例，项目建筑面积为 3426 平方米，外灶村常住人口有 2450 余户，相当于每户都分摊到一平方米以上的固定资产，能够持续带动村民增收。

第四，工资收入。外灶村附近的临港鲜花港、瓜果蔬菜集散地规模巨大，为村民解决工作问题。同时一系列企业入驻和项目落地也为村内的村民提供了就业岗位，主要解决了老人的再就业问题，以花卉基地为例，正值花期时有工作能力的老人工作一天可获得 150 元的收入，一个月可收入 3000 余元，对于老人来说是一笔可观的收入。此外，外灶村设 24 个村民小组，村民小组组长实行考核流动制，工资构成为"基数+管理户数补贴+考核奖金"，村民小组组长平均可以拿到 2 万元/（人·年）的收入，这也大大提高了小组长的工作积极性和村民小组的运作效率。

第五，乡村建设补贴。在进行美丽乡村和乡村振兴示范村建设的过程中，有一部分建设资金经考核达标后发放至村民手中，例如《关于印发浦东新区家庭农场水稻种植考核奖励补贴操作口径的通知》有关种植业条线的耕地地力补贴规定，水稻种植直接补贴 430 元/亩（市补 260 元/亩、区补 170 元/亩）。《关于印发浦东新区美丽庭院建设区级奖补资金使用管理办法的通知》中规定，区、镇两级设立星级户创评专项资金。一星户奖励资金 200 元/年，区、镇、村按 5∶3∶2 承担；三星户奖励资金 400 元/年，区、镇按 7∶3 承担；五星户奖励资金 800 元/年，全部由区财力承担。

外灶村产业共富模式如图 1-2 所示。

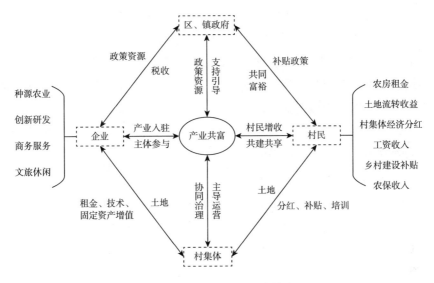

图1-2　外灶村产业共富模式

(二) 吴房村推进产业共富建设的主要举措

吴房村在乡村振兴建设的过程中，吸引国有企业、各方资本入驻，成功建立起"党建+市场主体专业化运营"的合作模式，打造了混合经济的体制机制创新、打包立项的开发建设创新、"就地上楼"的集中居住创新、投资运营一体化的资本平台创新以及数字科技赋能的资产管理创新等市场化的乡村振兴创新模式。其中吴房村引入国企的第三方专业运营团队和加强党建核心是带动产业共富的重要抓手。

1. 优化人居环境和生态环境建设

在优化人居环境方面，改善村民居住环境，盘活土地资源，进一步推进二期宅基地置换上楼。在开展居住专项调研中，吴房村以户为单位建立一户一档，摸清村民需求，同时发挥党员表率作用，在"三块地"改革中勇于做"第一个吃螃蟹"的人，引导村民将闲置的宅基地流转给村委，再由村委出面转租给企业，实现租金收入涨幅翻倍，带动村集体经济增收，吴房村宅基地的整转整租，探索出了一条盘活土地资源之路。此外，203户住宅全面统一实施宅基地建筑风貌改造，重塑"三分黑七分白"的江南水乡村貌景致。

在加强生态建设和基础设施建设方面，吴房村坚持以村民需求为导向，加强基础设施建设。完成392户村民生活污水纳入市政管网、自来水管网扩容更新、75户村民天然气管网入户、电力扩容2座500kVA开关站、架空线入地电缆7400米、提升拓宽出行道路2.13万平方米。修建生活垃圾处理及中转站、标准化公厕各1座。实现核心区域内智慧照明、智能水质检测、智能监控及无线网络全域覆盖，以村级河长、路长、田长、网格长等"四长"体制，以"自查、互查、督查""三查"机制，持续改善生态环境，为村民奋力营造推窗见绿、推门即景的生态场景。①

2. 国企赋能三次产业融合发展

吴房村的成功转型，离不开上海国资国企的资本运作和产业运营，形成了国企助力产业共富的乡村振兴发展新模式，整合了各方资源，筑牢合作基础，促进产业专业化、创新化发展。从发展成效来看，通过国企运作，推进了三次产业融合发展，形成了村民"租金+股金+薪金"三金收益模式，为乡村产业振兴贡献了吴房经验。

第一，推进三次产业融合。吴房村充分利用村庄已有黄桃资源，以黄桃这一特色农产品为抓手，在种植和生产上与农科院合作，发展科技农业，进行桃园改造、种苗培育，解决黄桃"三老问题"，现已改良提升老桃园480亩，极大地提升了特色黄桃的产量和品质，并以园区化来进行传统果树种植，实现了第一产业的飞跃发展。在第二产业方面，吴房村丰富黄桃深加工衍生品，延长产业链。通过市场化运作，使"黄桃"成为支柱产业。创立"吴房有桃"品牌，开发了黄桃汽水、黄桃果汁、黄桃啤酒、黄桃棒棒糖、黄桃精油皂、桃胶等产品，将农产品粗加工延伸到农产品精加工，使得黄桃既是产品又是原料，极大降低了农产品滞销风险。在第三产业方面，积极发展乡村旅游、民宿、文创等现代服务业，开发乡村旅游资源。

第二，实现三金收益。吴房村在一期园区建设中，深入推进"守护家园"计划，通过开发物业管理岗位及服务管理岗位，吸纳本村富余劳动力，帮助130名村民实现家门口就业，探索构建"租金+股金+薪金"三金收益

---

① 《【走进示范村】大道康庄路，青春吴房的美丽蜕变》，"奉贤三农"微信公众号，2023年3月9日，https：//mp.weixin.qq.com/s?_ _ biz = MzAwMDYyNDUwMQ = = &mid = 2651410583 &idx = 3&sn = 690d05a9e3389e58f3a1648cfe506c58&chksm = 811be28db66c6b9b854916b37e9f dc70ab481185604f62e4064bad8c71923d34efc1002966ca&scene = 27。

模式。2021 年实现一期区域内村民户均年增收 10 万元，其中宅基房屋租金户均 3 万元、分红户均 3 万元、就业收入户均 4 万元，初步形成共建共治共享共融的乡村社区治理和农民增收致富"双轮驱动格局"。①

3. 整合各方资源创新市场化乡村振兴运营模式

整合各方资源，推进资本化、市场化运作，确立国企运营主体地位。在推进吴房村更新改造过程中，国有资本、社会资本和集体资本共同发力。大型国企国盛集团整合各方资源，成立长三角乡村振兴资金，该基金立足于长三角一体化发展的大格局，引导资本、技术和人才等要素靶向流动和有效配置。以长三角乡村振兴基金为代表的国有资本、社会资本，以及镇属集体资金，共同发起成立上海思尔腾科技集团有限公司（简称"思尔腾"），这是多元一体的乡村振兴专业运营服务平台。作为长三角乡村振兴基金的"产业服务"实体平台，思尔腾致力于乡村振兴产业融合发展，业务涵盖农业科技、网络科技、技术服务、电子商务、餐饮管理、食品销售、企业管理咨询等，负责吴房村一期园区的更新改造和招商运营工作，是吴房村产业振兴的主导力量。思尔腾在吴房村先行先试土地流转、业态导入及日常运维，通过平台公司的搭建，使乡村的资源和社会资本对接合作，形成资产、获得资金，并立足全镇统筹产城乡一体化建设，走出了一条"基金+运营"双举措并行助力乡村振兴发展的道路。

4. 党建引领构建基层共建共享模式

吴房村党总支牢牢把握正确的政治方向，始终把乡村振兴示范村的创建作为一项重大政治任务不折不扣地推进，在具体实践中，吴房村又把夯实基层党组织与村富民强有机结合起来，确保党始终是引领乡村振兴的坚强的领导核心，推进基层治理共治共享，发挥党员先锋模范作用，积极与社会组织、科研机构建立合作，引领乡村振兴。

在党建引领模式方面，吴房村依托"党建+网格"管理平台，按照地域划分 10 个网格，组建 10 支基层治理队伍，在规划建设、土地整治、文化宣传、环境卫生、矛盾协调、政策宣传、督察检查、移风易俗等工作中亮身份、做表率，积极参与村级事务，有效提高了基层组织发现问题、解决问

---

① 《吴房村模式：国有资本助力乡村高质量振兴》，"国资智库"百家号，2023 年 7 月 5 日，https://baijiahao.baidu.com/s?id=1770543582502244668&wfr=spider&for=pc。

题和应对突发情况的能力。吴房村从村班子到党员，层层推动、层层发力，共同汇集起推动乡村振兴的"领航灯"。疫情期间吴房村依托党建引领网格治理，在班子成员、党小组长带头划片包干的基础上，村党总支发出"吴管家"召集令，团结带领党员群众积极投身疫情防控主战场，共同筑牢基层疫情防控红色堡垒。

在共建共享方面，吴房村组织村民建立了合作社以及村民自治小组，参与村庄的各类建设与运营。引导老村民与新村民共同成立合作社，以新村民带领老村民的方式培育各类业态，共同经营，探索形成"从外部输血到内部造血"的新老村民融合机制；成立村庄村民自治小组，自治小组由有一定威望、热心公共事务的骨干组成，负责本小组内政策宣传、相关事务商议及矛盾调解。村民自治小组组长每月定期向村委会汇报本小组工作，同时向村民通报组内各项工作推进情况，实现"小矛盾不出组，大矛盾不出村"。

吴房村产业共富模式如图 1-3 所示。

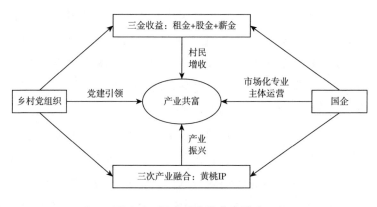

图 1-3　吴房村产业共富模式

四　两个案例村的比较

（一）外灶村与吴房村样本产业共富模式的相同点

1. 科技赋能绿色农业发展

上海市出台的《上海市都市现代绿色农业发展三年行动计划（2018—

2020 年）》，明确了都市现代绿色农业发展要构建更高质量、更强竞争力、更有效益、更可持续的绿色农产品供给体系，满足人民日益增长的绿色优质农产品需要。2021 年，上海市启动实施《上海市推进农业高质量发展行动方案（2021—2025 年）》，明确以推进农业绿色发展为核心，努力实现高品质生产、高科技装备、高水平经营、高值化利用、高效益产出。发展绿色农业离不开科技助力，吴房村和外灶村的第一产业的经济作物分别是黄桃和花卉、甜瓜，粮食作物为水稻，以此为基础，发展科技农业，提高产品质量，增加农产品附加值，延长产业链。

外灶村在整村建设高标准农田的基础上，在村域中部打造智慧稻田和大田景观，主要建设内容为新改建农田基础设施并配备智能化、信息化设施、设备，智慧稻田建设阀门自动控制系统和现代化的监测系统，同时建设高水平花卉基地，引进高规格玻璃温室、半自动潮汐苗床及其配套设备、水肥一体化灌溉设备、温室种植配套设备等，总投资 5970 多万元，项目围绕精品花卉，充分发挥现有的国内外花卉品种资源优势，建设以盆栽花以及市政四季花卉为主的规模化生产基地，着力推动特色花卉产业与技术示范创新，提高本地花卉的专业化和品牌化程度，促进农业提质增效。吴房村新果园采用新的树体结构，主枝高约 1.5 米，可实现机械化施肥、采摘。同时，吴房村新建了新桃园排水沟渠、节水灌溉系统，新修了适合机械化操作的田间小道等。各黄桃基地配备了自走履带式喷雾机、乘坐式履带搬运机等设备。截至 2023 年，每亩桃园可降低劳动力成本约 1600 元。同时不断加强黄桃品牌建设，与上海市农业科学院、奉贤区农业技术推广中心等机构合作，制定黄桃种植和品质标准，建立标准化管理体系，同时开展新品种、新栽培模式和土壤肥力恢复提升等研究，不断优化种植技术。

2. 党建引领物质共富与精神共富齐头并进

共同富裕是中国式现代化的重要特征，而物质富足和精神富有又是共同富裕的一体两面。① 在外灶村和吴房村的发展过程中注重物质生活与精神生活整体性的和谐共生、同向同行，推动物质生活富裕与精神生活富裕良性互动。

两村在物质共同富裕方面，通过招商引资壮大村集体经济，引入国企

---

① 史宏波：《推动物质富足与精神富有良性互动》，《人民论坛》2023 年第 13 期。

等社会企业，合理规划产业链，推动乡村产业蓬勃发展，为村民提供就业岗位和农产品销售渠道，集体收益向村民分红，切实使村民增收，形成了"租金+股金+薪金+X"的收益模式。此外增加保障托底措施，做到弱有所扶、老有所养，外灶村打造了"为老服务家园"，引入恺邻公司专业为老服务团队运营，为村里 80 岁以上的老人提供日间照料、综合康养一站式服务，提供 22 张休息床位。符合条件的老人只需每天交 3~5 元的饭费，即可享受丰富的服务，自 2022 年 8 月底试运营以来，已经有 25 名 80 岁以上的老年人每天准时来这里报到。[①] 同时村小组建立"睦邻点"，建设了一支志愿服务团队，通过"邻里微光计划"传递一份爱心，依托现有资源，为日托老人和社区老人提供常态化的定点服务和上门服务，也着力打造日托特色服务项目，还邀请专业医生，为家属、志愿者和老人开展有关身心健康的心理讲座。吴房村也建设了颐养公寓和老年日间服务中心，共有 17 幢 31 套房屋，能全面满足老年人的膳食餐饮、娱乐休闲、便民服务等一站式需求。

在精神共同富裕方面，吴房村的生活驿站相继建成并投入使用，满足村民日常文化娱乐多样化需求。在新一轮"生态村组·和美宅基"创建中进一步加大宅基"微景观"建设力度，将一些人流聚集、出入便利、区域辐射的公共区域打造成村民茶余饭后集娱乐休闲、运动健身、学习教育等多功能于一体的"微阵地"，真正将创建红利惠及更多村民，提升村民的获得感、满意度和幸福感；建立村公共法律服务工作室、生活驿站公共法律服务点，培育"法治带头人""法律明白人"等，实现镇、村、律师事务所三级联动，提升法律服务专业化水平，补足乡村治理的制度缺陷。外灶村发挥 5 个党建微网格作用，以劳模工作室、社会治理名师工作室为阵地，打造开放议事、自治共治微平台，搭建生活服务圈、民意沟通圈，实现党建引领共治共富。外灶村两委还推出"后浪计划"，每年暑假外灶村都会举办奖学金表彰会，奖学金制度成为外灶村"后浪计划"的重要组成部分，对村里考上大学的学生给予奖励，在全村上下营造尊重教育、尊重知识、尊重人才的良好氛围，实现党建引领共振共富。外灶村有丰富的红色文化和盐文化、灶文化，外灶村积极挖掘优秀文化资源，打造外灶文化符号和特

---

① 《托起幸福"夕阳红"！这个综合为老服务家园成为老人的乐园》，上观，2022 年 10 月 20 日，https://sghexport.shobserver.com/html/baijiahao/2022/10/20/884460.html。

色鲜明的江南盐文化乡村风貌。在公共空间营造上，外灶村打造了诸多景观小品和文化空间，在2019年美丽乡村示范村建设中建成"外灶记忆馆"，打造了独特的外灶记忆。此外，外灶村还为从村里走出去的两位将军建设"双将亭"，这吸引了两位将军回乡讲述自己的经历和见闻，为家乡发展出谋划策，同时也营造了浓厚的乡愁氛围，打造共同的乡村记忆。

3. 乡村能人带动村庄发展

乡村基层党组织书记是乡村组织振兴和村庄发展最直接的组织者和执行者，也是村庄重要的治理主体之一，选好村党支部带头人，是强化基层组织和推进乡村振兴的基础性工作。吴房村和外灶村"能人治村"的特征体现得尤为明显。

通过实地调研和一对一访谈，我们对两位村支部书记的能人画像特点做以下总结。外灶村汪敏书记是"善用外部资源"型能人，对于外部的政治政策和经济资源有十分敏锐的洞察力，并有能力争取和承接外部资源下乡。汪敏书记十分关注上级政策动向，以"有准备的头脑"[1] 带领外灶村迎来蝶变，在乡村振兴示范村创建中和驻村指导员奔波数次跨级向市农业乡村委相关领导汇报，才争取到这个宝贵的机会，使外灶村发展迈上新台阶。同时汪敏书记将经济运作中的经营理念引入村庄治理领域，将村两委作为招商引资的窗口，接洽项目、合作来争取村庄建设资金，在他的带领下村庄经营有"资源运作公司化"的特点[2]。吴房村秦瑛书记是"善用内部人情"型能人，虽然是外来媳妇，但秦瑛很快就融入村庄内部，与村民有着较为密切的情感联结。在当选村支部书记后，秦瑛充当了"保护型经纪"[3]的角色，在资本下乡的背景下充分代表和积极维护乡村和村民利益，利用自己的影响力和资源为村民提供保护，以高频的利益互动和情感互通来保护村民的生产生活和合法收益，村民的配合度较高。在征地工作中秦瑛为了消除村民的疑虑，带领两委班子通过村民议事会等方式多次和村民商议，向村民讲清楚为什么要租房子、房子租完后要怎么用，实际维护村民的根

① 束涵：《有准备的头脑，带领土窝窝村突围》，《解放日报》2023年5月28日。
② 崔盼盼、桂华：《"能人治村"与经营村庄——乡村振兴背景下村干部行为研究》，《地方治理研究》2022年第4期。
③ 张茜：《资本下乡中的村干部角色与行为：一个经纪理论的分析》，《天津行政学院学报》2023年第6期。

本利益，让村民在宅基地流转过程中感受到真正的实惠，并实现增收。近年来乡村治理现代化进程不断推进，乡村干部队伍出现了"男性退出，女性进入"的现象，[①] 秦瑛作为一名女性村干部，在吴房村治理实践中彰显了女性治村的优势，是跨越乡村治理性别鸿沟的生动例证。

能人带动村庄发展有以下特点，一是运用投资思维，将政府的项目资源作为村庄发展的启动资金，以投资的方式将公共财政资源运用到营利性项目上，以实现现有资源的增值和村庄经营性发展。例如外灶村党支部书记汪敏将闲置厂房出租给临港集团，村集体可获设施和设备租用费、项目盈利、租金，同时村集体资产也得到增值。吴房村党支部书记秦瑛 2006 年以会计的身份进入"村两委"班子，2012 年成为村组组长，2017 年被选为村党支部书记。秦瑛也积极参与到招商引资的队伍当中，推动村集体经济发展，同时也带动农户参与产业发展，显著提升村庄的经济发展水平和村民生活水平，丰富了能人型村干部治村的实践案例。二是有发展机遇意识，汪敏指出村干部治村必须有魄力，有"匪气"，大刀阔斧干，不怕得罪人。汪敏敏锐捕捉到乡村发展的机遇，为产业项目落地扫清障碍，在旧菜场改造"书院工坊"项目征地过程中，汪敏顶住村民谩骂、自媒体诋毁等压力，使项目落地，壮大村集体资产，带动居民增收。在村委会换届选举中，坚持考核制度，使真正得民心的人当选，切实维护村民利益。秦瑛带领吴房村与大型国企合作进行乡村振兴示范村建设，与专业团队合作进行村庄规划，使吴房村成功入选第一批乡村振兴示范村，并利用此重大机遇实现更好、更快发展。

（二）外灶村与吴房村样本产业共富模式的不同点

1. 产业共富建设的运营模式不同

吴房村和外灶村都是产业共富的典型案例，通过进行乡村产业建设带动人民增收，但两村产业共富的运营模式不同，外灶村的运营模式为"党建+村集体经济运营"，其中主要以村集体招商引资、出租固定资产使之升值，赚取租金、税收、企业红利等，从而带动村民增收。而吴房村打造了

---

① 魏程琳：《家庭工作两相顾：乡村治理转型中村干部性别更替现象的经验阐释》，《当代青年研究》2023 年第 5 期。

"党建+市场主体专业化运营"的运营模式，引入国企思尔腾集团全面负责村庄的乡村振兴和产业建设。

在外灶村产业共富的"党建+村集体经济运营"模式中，以村党支部书记汪敏为带头人的村两委班子发挥了主导作用，基层党组织在引导乡村产业振兴中发挥重要作用，[①] 响应区、镇规划，借美丽乡村示范村和乡村振兴示范村建设的东风，由村集体牵头，优化人居环境、建设美丽庭院、推进绿色生态建设，推进集中居住和土地流转，布局产业体系。外灶村率先完成了自身发展的"一张蓝图"，即依托花卉经济、现代村落经济、农联体网销平台等，实现从"输血"到"造血"。村集体积极招商引资，"书院工坊""科创田园""高标准花卉基地""智慧稻田"项目相继落地，村集体资产持续增加，实现村民参与村集体经济分红。此外打造"外灶记忆馆"等公共空间，增强外灶人的归属感，推动村民物质精神共同富裕。

与外灶村不同，在吴房村的"党建+市场主体专业化运营"的产业共富模式中，国企是主要推动力量。吴房村引入大型国企国盛集团思尔腾公司负责从村居环境到产业建设再到乡村振兴的全程运营，思尔腾公司聚焦乡村巨额存量资产的管理、运营与提升，针对乡村空间建设的"塑形"、乡村产业孵化和管理的"健体"以及乡村人才培训与服务的"铸魂"，全方位提供乡村振兴全要素、深加工、人才培训、资产管理等服务矩阵，并创造性地搭建乡村资产管理云平台，通过"线上+线下""基金+运营"多层级的联动，推进乡村振兴，构建产城融合发展新格局。国盛集团思尔腾公司以上海乡村振兴示范村吴房村为起点，通过"运营+智库、产业、基金、基地"的"1+4"创新模式，走出了一条立足于全镇域高度，统筹产城乡一体化建设，助力乡村振兴发展的道路。

2. *产业布局和发展类型不同*

吴房村和外灶村的产业布局不同，吴房村一产中经济作物以黄桃种植为主，二产发展黄桃加工，三产依托桃花胜景和黄桃采摘发展乡村旅游，产业布局较为均衡，现对经济拉动较大的是乡村文旅，吴房村积极发展乡村餐饮、民宿，承接各类研学、会议、会展活动。外灶村的产业布局集中

---

① 宗成峰、李曌：《农村基层党组织引领乡村产业振兴的逻辑理路》，《重庆行政》2023 年第 6 期。

在一产、三产，发展高标准花卉基地和智慧农业，三产主要发展科创办公、商务服务等。

两村在产业发展类型上也存在差异，吴房村的发展类型为"三产融合型"，外灶村的发展类型为"总部经济型"①。外灶村的发展定位是"科创田园·花香外灶"，依托花卉经济和田园办公，致力于发展"总部经济"，三产融合的特征较不明显。吴房村以黄桃为基础和发展线索，推动黄桃种植专业化、科技化、规模化、品牌化发展，延长黄桃产业链，衍生出一系列黄桃加工食品和美容用品，发展乡村文旅，以黄桃 IP 点亮三产联动新思路，打造网红田园综合体。吴房村推动三次产业深度融合，形成"黄桃+文创+旅游"农商文旅多产业、多要素融合的国际大都市郊区乡村产业发展新模式。

3. 村企合作模式不同

乡村振兴、乡村产业共富不是仅仅依靠单一主体就能实现的，需要多元主体的共同参与，外灶村和吴房村在产业发展的过程中都形成了多主体有序参与并发挥作用的有效机制，但两村的村集体和引进企业的合作模式有所不同，外灶村的村企合作模式可以概括为"租赁+收益"，吴房村的村企合作模式为"基金+运营"。

外灶村与国企临港集团合作，村集体向村民拿地，企业取得集体土地使用权进行开发，激活乡村集体建设用地资源潜力，集体建设用地使用权由生产性要素转变成资本要素，盘活土地资源、体现市场价值，使村集体固定资产稳步增值，形成集体经济长效造血机制，为后续乡村地区物业服务、公共管理和农民福利提供保障，保证了集体经济可持续发展和农民可持续增收。

吴房村的"基金+运营"模式，指的是利用多渠道筹集国有、集体与社会资本成立基金会，同时通过统一的统筹运营平台经营资本、盘活资源与发展产业。村庄以集体经济参资入股，公司则委托区属国企运营管理，获得的收益则反哺各村，从而解决了乡村资本要素缺乏的难题。吴房村积极探索国有资本助力乡村振兴的新路径：由大型国有资本运营平台公司国盛集团牵头整合国有资本、社会资本等资本要素，成立长三角乡村振兴股权

---

① 《着力打造上海乡村振兴"新强样板"》，《上海乡村经济》2021 年第 7 期。

投资基金与上海思尔腾科技服务有限公司。上海思尔腾科技服务有限公司在整合乡村要素资源的基础上，对吴房村乡村产业园区进行统一运营管理，是吴房村产业振兴的主导力量。

五　案例思考

（一）存在的不足

1. 乡村产业发展缺乏专业人才

马克思主义政治经济学认为，人是生产力中最活跃的要素。人才是乡村产业振兴的内生活力和不竭动力，人才不足是制约乡村产业振兴的重要因素。社会加速转型升级，城镇化程度加深，乡村劳动力的大量外流导致乡村总人口减少、乡村基层党员数量减少，乡村基层党组织和党员数量不足、质量不高是制约乡村人才振兴的重要因素。另外，乡村专业型人才资源较为匮乏也是发挥乡村人才牵引作用的又一重大挑战，推动农业科技化、专业化发展都离不开专业农业技术人才。

2. 能人治村导致乡村治理风险

上文提到两村的共同特征之一是能人带动村庄发展，从实际效果来看，能人治村具有明显的治理绩效，能够有效承接国家、社会项目资源下乡，缓解乡村治理和发展困境，凭借个体资源和能力为村庄争取资金和项目，极大改善了村庄基础设施，提升了村庄的公共产品供给水平。但是同时也要注意到能人治村可能会引发的治理风险，这主要表现为对村庄可持续发展、基层村民自治、村干部形象产生不良影响。首先，能人治村对村庄可持续发展产生的不良影响有以下几点。一是能人村干部因超前思维而规划与村庄财力不匹配的乡村建设项目，其超前思维中"步子过大、好大喜功"的因素容易使村庄陷入负债式发展从而引发村级债务的积累和扩大。[①] 二是能人村干部的自利倾向和难以替代性导致村庄自我发展能力的弱化，将资源、精力集中于村庄建设与发展，回应村民常规诉求的空间被压缩，导致

---

① 崔盼盼：《乡村振兴背景下中西部地区的能人治村》，《华南农业大学学报》（社会科学版）
2021 年第 1 期。

村庄治理虚化。① 其次，能人特别是富人治村会对村级民主构成冲击，破坏基层民主的外部环境，通过提高政治参与门槛等方式迫使村民主动或被动地远离村务，导致基层民主发生不可逆的退化。② 最后，能人治村有可能会损害村干部形象，一是出现能人掌握的职务权力异化，③ 即以权谋私的现象，从而使职务权力"再生产"出个人权力，与村庄其他类型的精英利益合谋、占用村庄公共资源，导致其公信力下降。二是能人治村导致基层微腐败问题，由于部分能人在治村过程中专断独行，且缺乏外部监督，不讲求民主决策程序，所以村级腐败发生的可能性较大。④

上海市人民政府的公开资料显示，2021 年上海 6094 个居村党组织和6036 个居村委会全部完成换届选举，其中最引人注目的是居、村两委班子人员整体年龄下降的现象，居、村两委班子平均年龄为 46.7 岁，比上届下降 2.8 岁，书记平均年龄为 44.6 岁，比上届下降 1.2 岁，⑤ 每个居、村两委班子均配备 35 岁以下年轻干部，形成老中青梯次配备的合理结构。通过访谈调研可知，吴房村村支书秦瑛的年龄为 53 岁，外灶村汪敏书记的年龄为55 岁，两位均超过上海市村支部书记平均年龄，两位书记在岗位上为村庄发展做出了较大贡献，但在村干部年轻化的趋势下也面临巨大压力，在两位书记退出村庄治理后，谁来接替的问题也值得深思。

3. 乡村产业融合发展水平有待提高

两村比较来看，吴房村的产业融合水平高于外灶村，但从吴房村融合的乡村新业态看，乡村融合的同质化较高，难以形成区域特色，提高其竞争力。同时村庄产业发展存在三次产业融合利益联结机制构建滞后的问题，乡村各相关市场主体融合是三次产业融合发展的着力点，而良好的产业融合利益联结机制可以有效保障农民的根本利益，目前乡村三次产业融合利益联结机制还不完善，导致产业融合的稳定性以及深度受到制约。融合利

---

① 崔盼盼、桂华：《"能人治村"与经营村庄——乡村振兴背景下村干部行为研究》，《地方治理研究》2022 年第 4 期。

② 陈柏峰：《富人治村的类型与机制研究》，《北京社会科学》2016 年第 9 期。

③ 刘祖云、黄博：《村庄精英权力再生产：动力、策略及其效应》，《理论探讨》2013 年第 1 期。

④ 陈寒非：《能人治村及其法律规制——以东中西部地区 9 位乡村能人为样本的分析》，《河北法学》2018 年第 9 期。

⑤ 《上海居村委班子"换新"完成 这座城市末梢的"精细"就看他们了》，东方网，2021 年 6 月 10 日，https://j.eastday.com/p/1623311029977016377。

益联结紧密度比例不高。以吴房村黄桃种植、产销为例，农户多以乡村合作社为依托，通过乡村合作社与相关第二、第三产业企业合作，而此时，农民多在合作社具有一定股权，在第二、第三产业的企业中参股比例较低，这些导致农民仅将相关企业作为销售客户，销售客户仅将农民当作原材料供应商，使融合下产业利润进行二次分红的比例降低，这种合作方式降低了农民及其合作社的预期利益，制约了农民参与集约化经营的热情。

4. 产业项目用地指标紧张

在吴房村和外灶村的产业项目落地中都出现了征地难的情况，由于国家土地政策的缩紧以及上海土地总量不足，项目用地难成为制约国企、社会资本投资乡村的重要因素。一是农业设施用地指标紧缺难以满足企业开展产业项目的需求。二是建设用地审批严格影响了企业的建房需求，相关部门担心突破耕地保护红线，往往对合理申请的土地指标缺乏支持。三是用地成本过高影响了企业参与项目的积极性。四是企业参与乡村产业缺乏发展空间。一方面，乡村集体建设用地减量化，影响了企业参与乡村产业的发展空间。另一方面，部分农户的房屋常年空置，但并不愿意退出宅基地，企业也无法通过流转获得宅基地使用权，这种情况严重制约了社会资本进入乡村。

（二）发展对策

1. 培养新型村庄经营主体

专业人才是乡村发展的助推剂，乡村应通过分析三次产业融合新业态的企业特点、市场需求，探索政府牵头、高校参与、企业协同、农民配合的新业态人才培养体系。在多元主体协同配合下，通过对三次产业融合发展顶层设计的修订、新业态专业人才培养方案的修订，动态调整新业态专业人才培养课程、方式以及数量，在教育、人才、产业协同配合下，稳步推进三次产业的深度融合。其实乡村产业振兴最终还要依赖农民自发推进，而小农意识及生产的无组织化是制约产业发展的重要因素，所以应该加大农民企业家的培养力度。从长远目标看，乡村产业振兴需要培育新型农业经营主体，实现农民组织化、互助合作化，提升农民群众的市场经营能力和应对市场风险的能力。从短期看，乡村振兴应当将目光注重于将部分乡村经济精英培养成企业家，由他们带领其他村民发展乡村产业。第一，为乡村青壮年创业提供必要的资金和政策扶持。基层政府部门可以通过开展创业小额贷款、创业贷款贴息等工作帮助青年建立合作社、家庭农场等。第二，邀请知名企业家传授企业运营经验，提升青年农民市场经营能力，将青年农民培养成具备企业家精神的新型农民。

对于上文提到的能人治村困境，应该完善相关政策法规规范能人治村的行为，完善村干部评价标准，以引导能人在治村时兼顾经济发展与村民利益。同时也要重点挖掘、培养新型能人资源，建立乡村人才信息库，结合现实需要，有序扩充乡村产业振兴各类人才，提升人才培育工作实效，打造懂农业、爱乡村、爱农民的"三农"工作队伍，补足乡村产业发展专业人才不足的短板，为乡村产业振兴奠定更为坚实的人才基础。

2. 突出本土资源优势提升三次产业融合发展水平

推进本土品牌企业建设，挖掘乡村特色资源，提升三次产业融合水平。乡村应结合区域资源和特点，推进家庭农场、农民合作社以及中小微企业的建设，完成农产品在产地的初加工，引导农副产品加工的龙头企业入驻乡村发展农产品的深加工，提高乡村第一、第二产业的融合水平。针对具有特色传统工艺、文化、景观资源的村落，推进农业与休闲旅游、数字产业等产业融合，深挖当地特色资源，建立乡村文旅品牌，提高乡村新业态经济发展韧性，提升三次产业融合水平。

重视三次产业融合利益联结机制构建，三次产业融合发展应以农业为基础，农民为参与主体，在融合产业的带动下，保障农民利益为根本，建立完善三次产业融合利益联结机制，实现农民增收，乡村振兴。在三次产业融合利益分配中，建立多元、可持续的分配模式，丰富农民主体参与形式，明确农民、乡村合作社的权责与利益，[①]培养农民主人翁意识，通过企业股权分配，提高农民参与热情，加大农民、乡村合作社与企业利益联结的紧密度，通过利益联结机制的构建，明确各方责任、权力、权利，保障农民的根本利益。

3. 创新土地政策保障项目用地需求

一是加强设施用地的监管和备案，保障企业合理的设施用地需求。明

---

① 卢京宇、郭俊华：《三产融合促进农民农村共同富裕：逻辑机理与实践路径》，《农业经济问题》2023 年第 11 期。

确政府对于企业申请设施用地的审批要求，通过向区农业部门备案的方式，加强设施用地的监管和审批，保障企业合理的设施用地需求，根据乡村产业发展需要，适度扩大农业设施用地的范围、比例和规模。二是加强对分散的集体经营性建设用地的整合。在保证数量占补平衡、质量对等的前提下，支持乡村分散零星的集体经营性建设用地调整后集中入市，重点用于支持乡村三次产业融合和新产业新业态发展，[①] 探索建设用地指标的区级调整和市级统筹，保障企业后续项目的实施进度。三是积极鼓励集体经济组织在尊重农民意愿的前提下，通过宅基地回收，实现规模化的盘活利用，构建宅基地有偿使用制度和激励机制。对于农民相对集中居住平移项目的农户，其现有的宅基地面积小于原宅基地面积且低于村平均水平的，由村集体适当给予补贴。四是建立村企合作的土地使用机制，积极探索土地作价入股模式，通过土地入股的方式解决企业参与产业化项目中的用地难题，实现农民财产性收入的可持续增加。同时探索企业与村集体有效合作方式。通过出让、租赁、作价入股、联营等方式，鼓励企业参与开发乡村集体经营性建设用地。

本案例以上海市奉贤区青村镇吴房村和浦东新区书院镇外灶村为样本，总结超大规模城市产业共富的实践模式建设经验。超大规模城市的乡村在乡村振兴的过程中，利用超大规模城市的外溢效应、区位等有利因素，实现乡村振兴。通过本案例展现的两个样本，我们可以认识到乡村在产业形态上不再只是传统农业的承载地，也可以吸纳电子商务、休闲度假等现代服务业，发展中小企业总部经济、产业园区，还可以为现代农业和现代制造业提供发展空间。乡村不仅具有产业承载的经济价值，也具有美学价值和生态价值，代表着另一种美好的生活方式。但同时也要看到上海市郊乡村的产业振兴产生于特定的经济基础和社会条件下，因而并无放之四海而皆准的普遍意义，也不宜将其作为所有地区实施乡村振兴的范本，不过其发展过程中的村企合作模式仍对广大乡村有借鉴意义。

---

① 鹿光耀、郭锦墉：《乡村振兴背景下农村土地利用的政策供给研究》，《学术论坛》2022年第5期。

第二章　福建永春县乡村生态环境治理共同体建设的实践探索

一　案例背景

改革开放以来，随着中国经济社会持续发展，工业化和城镇化已成为推进我国社会整体向前的重要驱动力。按照国家统计局的通报，截至 2020 年末，我国常住人口城镇化率已经达到 63.9%。快速发展的工业化和城镇化背后是严峻的环境破坏和污染，加之我国之前粗放式的增长模式加剧了对资源环境的消耗。在城乡接合部和广大乡村地区，随处可见掠夺性的资源开发、大规模土地的无序开采、大面积的工业污染排放、脏乱差中衰落破败的村落。乡村生态环境的破坏不仅严重影响着占人口大多数的广大乡村社会及生活于其中的农民的生产生活，也成为制约新时代中国社会高质量发展的因素。因此，要改善乡村生态环境，以推进社会主义生态文明建设和乡村振兴战略的实施，回应广大人民群众对生态宜居和美乡村的殷切期盼。

党的十九大报告明确提出开展乡村人居环境整治工作，系统构建"政府为主导、企业为主体、社会组织和公众共同参与的环境治理体系"。2018 年，习近平总书记进一步指出，"要压实县级主体责任……要发动农民参与人居环境治理……形成持续推进机制"[1]。在此基础上，2021 年 3 月出台的《中华人民共和国国民经济和社会发展第十四个五年规划和 2035 年远景目标纲要》再次强调，"十四五"时期要"把乡村建设摆在社会主义现代化建设的重要位置，优化生产生活生态空间，持续改善村容村貌和人居环境，

---

[1]　中共中央党史和文献研究室编《习近平关于"三农"工作论述摘编》，中央文献出版社，2019，第 117 页。

建设美丽宜居乡村"，充分彰显了党和政府对乡村环境问题的高度重视。与此同时，倡导在乡村生态环境保护与环境治理领域引入共建共治共享的理念，打造基于多主体共同参与的新型环境治理模式，也为解决日益复杂化和动态化的环境治理问题提供了新的思路。在现实实践中，从主体维度来看，乡村生态环境治理的多主体共治模式面临着治理结构碎片化、治理权责集中、多主体对自身责任不明等诸多挑战。对此，需要从厘清多元主体职责分工、创建生态治理协同机制、引导社会力量充分参与等方面入手，推动乡村生态环境治理体系高效运转。本案例通过总结福建省永春县乡村生态环境治理的经验，提炼切实提高乡村生态环境治理水平、解决乡村生态环境中突出问题的方法，从而发挥生态环境建设在乡村振兴、提高人民生活水平中的作用，最终实现可持续发展的目标。

二　案例呈现

（一）案例地情况介绍

永春县位于福建省中部偏南，泉州市西北部，晋江东溪上游，戴云山脉东南麓，北纬25°13′~25°33′，东经117°40′~118°31′，东接仙游县，西连漳平市，南和南安、安溪两县市接壤，北与大田、德化两县毗邻。因"众水会于桃溪一源"，故古有"桃源"之称，置县至今已有1000多年的历史。境内辖22个乡镇209个自然村，27个社区，县政府驻桃城镇。截至2022年末全县常住人口为41.9万人。① 作为福建省著名侨乡，永春县历史文化厚重，华侨人才辈出，以岵山镇、仙霞乡为代表的古村落建筑群构成了侨乡建筑的文化高地。在经济发展层面，永春农业以芦柑、佛手茶、食用菌和蔬菜为特色，获得永春芦柑、永春岵山荔枝等国家地理标志保护产品7项；工业有食醋、制香、陶瓷三大有根产业；交通基础设施完善，区位便捷，形成了永泉1小时经济圈、永厦2小时经济圈。

除以上自然地理、经济和人文等基本情况外，永安县生态优势十分突出，气候条件良好，湿润多雨，素有"万紫千红花不谢，冬暖夏凉四序春"的美誉，境内植被丰富，森林覆盖率达70%。立足良好生态优势，永春县

---

① 数据来源于泉州市永春县人民政府，http://www.fjyc.gov.cn/zwgk/tjxx/。

提出"生态立县"的发展战略,围绕地方生态环境保护和生态优势转化展开了多元化的探索。一方面,针对生态文明的起源——水资源,着眼于流域治理,自 2001 年开始至今实施了"由点及面、由水域及全域"的递进式生态保护工程。另一方面,积极探索生态产业化、产业生态化的政策红利,着力推动生态优势转化为发展优势。作为国家县域国土空间规划试点和福建省第一批生态产品市场化改革试点,永春县正以生态文明建设为主线,坚定不移走优先绿色发展道路,打造生态文明和绿色发展的高地,为生态环境建设贡献永春经验。

与此同时,在生态环境治理的主体维度,除了传统的政府、企业、村民外,社会组织的充分参与也是永春县生态环境治理的一个突出特征。2017年,永春县人民政府联合中国人民大学可持续发展高等研究院及福建农林大学海峡乡村建设学院共同设立县级生态文明智库机构——永春县生态文明研究院。该研究院一方面响应中央生态文明转型的国家战略需求,积极探索永春县域范围内的人文社会发展与生态经济的转型之路。另一方面以在地化第三方组织的形式扎根乡村和乡土,利用当地的生态环境基础、挖掘当地的历史文化资源唤醒村民的生态意识、提振自觉行动的能力,在推进地方发展生态化、绿色化转型的过程中,带动地方生态环境治理共同体的生成。

(二)永春县建设乡村生态环境治理共同体的主要举措

乡村生态环境问题的产生是多方面的,因此,乡村生态环境治理工作也必然要涉及多个主体,必须由众多利益相关者相互协作才能进行。在目前多元治理主体参与机制尚未完全建立的状况下,需要加强多元治理主体的共同参与,构建共建共治共享机制,打造乡村生态环境治理共同体。以福建省永春县为案例,基于当地政府、企业、社会组织、村民多元主体应对环境问题的微观视角,厘清四者在乡村生态环境治理实践中的作用以及实现多元主体共同治理的逻辑维度,构建起多元主体的治理共同体,形成政府、市场和社会良性互动的多元一体的复合型治理格局,建成高水平的乡村生态环境治理机制。

1. 畅通多元参与机制,构建乡村生态环境治理责任共同体

乡村生态环境治理并非只是乡村的事,也不能只就村讲到村,要把乡村生态环境建设放到一个相对宏观的区域,形成县、乡、村之间的合力,

推动城镇乡村深度融合、协调发展、公平发展。在福建永春这一案例中，当地系统看待乡村布局规划，以"林长制"和"河湖长制"为抓手，打破城乡、部门、社会间的壁垒，促进村组、乡镇与职能部门间的联动，探索出一条县域内密切合作的责任共同体模式。

第一，坚持系统性原则，实行城乡环境统筹治理制度。一方面，推进生态环境建设的科学布局和综合规划。永春县以主体功能区、自然生态空间用途管制、国土空间规划编制等三大省级试点建设为抓手，通过划定"三区三线"（三区：城镇空间、农业空间、生态空间。三线：城镇开发边界、永久基本农田、生态保护红线）的刚性控制实现全域空间的"面上保护"，通过划定"四大功能区"（中心经济聚集区、中部农副产品和特色产品生产加工集散区、西部能源资源产业集聚区和东部绿色产业发展区）的产业布局引导全域空间完善资源环境评价体系、建立技术体系、落实管制规则和转用审批流程。另一方面，实行城乡统筹的美丽建设体系。永春县将创建最美县城、建设美丽乡村、梯次建设"绿盈乡村"结合起来，以生态建设、环境治理联动城乡。与此同时，当地将河湖治理和乡村人居环境整治，生产生活条件改善与促进乡村振兴统筹起来，实现乡村生态环境治理与城乡规划、旅游规划协同推进。

第二，以"林长制"和"河湖长制"为抓手，促成部门间横向合作以及县、乡、村三级纵向联动。针对县域丰富的水资源和林业资源，永春县以"林长制"和"河湖长制"建设推进资源保护。其中，关于"林长制"，永春县全面建成了县、乡、村三级组织责任体系，共设立三级林长533名，其中县级林长3名，乡镇级林长125名，村级林长405名，实现了林长全覆盖。同时，建立县、乡两级"林长制"指挥中心，开展护林巡护调度指挥、远程视频连线等工作，建成上下贯通、执行有力的组织体系。同时，率先建立起"林长+"联席会议制度这一部门横向协作机制，推出"林长+院长""林长+检察长""林长+警长"联动协同，在打破部门壁垒的同时，也促成了行政履职和生态司法的衔接配合。就"河湖长制"而言，当地在单一"河湖长制"的基础上，建立起"河湖长""林长"协同共治机制，形成生态环境治理合力。

2. 有序推进，久久为功，构建乡村生态环境治理保障共同体

乡村环境治理三分在建，七分在管。美丽乡村的建设是一项长期性的系统工程，除了要在项目建设投入上保障力度以外，也需要对乡村生活污

水、垃圾处理、河道治理等相关基础设施的运维管理情况加以重视。以永春县为例，当地根据区域实际情况通过政策、技术、人才三方面建立起生态环境治理的保障共同体。

第一，完善政策内容。针对乡村生态环境治理的现状，永春县从常态化项目入手，在乡村生活垃圾污水治理方面，推出"分散+集中"处理的政策内容，大力推进乡村微动力、人工湿地等分散污水处理模式的建立。针对垃圾治理这一专项内容，完善"户分类、村收集、镇转运、县处理"的治理模式，乡村地区每500人配一名保洁员，一天12小时专人流动全域保洁。与此同时，围绕项目监管问题，成立农村人居环境治理巡查组，共计选聘484名村级环保协管员对全县241个村级网格区域进行网格化、全天候监管。率先探索建立起"生态警察""老人河长队伍"等监督主体和队伍，加强环境监督力量。①

第二，强化技术支撑。利用现代科技和信息网络技术，特别是互联网、云计算等大数据新技术，提升乡村生态环境治理效能。永春县创新了水污染溯源智慧监测机制，采取监测中心实验分析与技术人员常驻现场溯源排查采样相结合的方式，精准查找每个污染源。同时，开发全县农污设施信息联网系统，在污水管网主管交界处、污水处理站点的入水口、调节池、厌氧池及沉淀池等布设传感器，实现农污设施地下运行数据远程收集、实时监测，精准推进全县生活污水设施运维管理。另外，在"河湖长制"的基础上，永春县还建立了"河长制智慧管理系统"。全县46个监控点位，全面覆盖五大流域流经的人口密集地带，实现24小时在线的河流环境、水情水位、管护情况监管；依托无人机开展常态化巡查，减少人工巡河盲区；开发水质在线监测预警系统及手机App，整理录入全县入河排污口、支流及乡镇交界断面水质信息，以不同颜色呈现水质类别，以曲线呈现水质变化，更直观地掌握水质情况；利用三维建模、遥感监测等技术，将河流实时监控、河流信息、水质数据、地质灾害点、入河排污口等多种涉河、涉水数据充分整合，构建全县"流域一张图"。此外，永春县还搭建了福建省内首家河检联办公益诉讼快速检查实验室，上线"快速、高效、便捷"的河湖水环境检测

---

① 《福建省永春县全力打造乡村振兴的永春样板纪实——初心如磐砥砺行 实干奋进勇担当》，人民政协网，2019年3月11日，https：//www.rmzxb.com.cn/c/2019-03-11/2308518.shtml。

专业服务，为河湖环境损害类公益诉讼案件取证勘查提供技术保障。①

第三，加强人才保障。永春县通过与中国人民大学等高校合作共建的全国首个县级生态文明研究院——永春县生态文明研究院合作，成立3家院士工作站，打造青年红色筑梦双创基地、"雁阵计划"等人才产业项目，在县域内建成多个乡村"人才驿站"，为人才返乡创业提供便利渠道和全方位支持，积极鼓励青年人才返乡创业，发展生态农业、绿色产业，参与乡村环境治理，为乡村生态环境建设注入源源不断的活力。

3. 以农民为主，提升主体能力，构建乡村生态环境治理行动共同体

生态环境建设从根本上是为村民而建，既不能越位包办替代，更不能坐等观望，要把见到实效、农民群众满意作为推动乡村生态环境治理提升的根本要求，努力构建政府、企业、社会组织、村民多方参与的治理格局，营造绿水青山和文化传承的浓厚氛围，提升村民参与度、获得感和幸福感。在永春县这一案例当中，通过政府"搭台"、社会组织"唱戏"、农民参与，真正让农民成为美丽乡村建设的主角和生态环境治理的受益者。

第一，推动生态资源资本化，实现生态富民。收入目前仍然是农民最为关心和关注的话题。因此，乡村的生态环境治理不仅不能以损害农民的经济收益为代价，还要充分树立生态富民的发展理念，充分耦合"绿水青山"和"金山银山"的内在关系，务实做好乡村绿色发展和农民共同富裕的双重大文章。一方面，永春县立足林业资源优势，开展集体林权制度改革，针对乡村分散林权等问题，永春县通过生态权的统一让渡，由村集体经济组织牵头，集中分散林权，建立利益共享机制，由村经联社统一经营或引进合作、外包等新模式，实现规模化入市，壮大村集体经济。同时，当地还大力发展林下经济，形成以林药种植、林蜂养殖为主体的林下经济发展新格局，带动8000多农户发展林下经济。另一方面，永春县以"'八个一'生态产品价值化"这一项目的落地为切入点，在永春县生态文明研究院的带动下，挖掘永春县当地颇具特色的各种工艺技能和产品，如香料、老醋、木偶戏等，帮助村民发现当地生态资源的经济价值，并通过协助打通城市市场、增加生态产品流通范围使村民能够在短时间内获益来调动村

① 《中国经济网：因地制宜，福建永春打造河湖长制"永春模式"》，福建省水利局，2023年8月9日，https://slt.fujian.gov.cn/ztzl/lsfzhzz/mtjj_31141/202308/t20230809_6222791.htm。

民的参与热情。随着这一项目的推进，当地村民参与程度也进一步加深，乡村生态经济的形式也更多样化。2021 年，永春县生态文明研究院推动下乡市民与在地村民共建乡村旅游专业合作社，共同开展荔枝认领、古镇生态研学等项目，助力在地产业发展。为推动乡村旅游业，合作社逐步整合闲置房屋资源，2022 年带动村民启动孝亲民宿 10 余间，孵化岵山妈妈服务团开展餐饮、导览等乡村旅游服务，开发特色产品 20 余个。在这一过程中，乡村生态建设与经济发展实现了良性互动，农民在获益的同时，能够更为深刻地认识到保护生态环境的重要性，自觉做绿色生产生活方式的践行者和追随者。

永春县"'八个一'生态产品价值化"项目

2022 年，永春县启动生态产品价值实现"八个一"试点项目。"八个一"具体是指以下内容。①一平台：益农福农联合运营中心。益农福农联合运营中心以"1+2+6+N"为运营体系，即一个平台、两种模式、六大服务中心、N 个融合站点，旨在聚焦乡村资源、资产、资金，着力打造产业链、供应链、资金链，提供乡村三资管理、乡村产业发展、乡村要素流转、产权制度改革、乡村治理服务、乡村数智监督等农业农村数字化管理，推动乡村要素市场化配置改革。②一校：永春县未来乡村人才培训学校。永春县未来乡村人才培训学校位于永春县蓬壶镇仙岭村。习近平总书记曾为仙岭村题词"坚持农业科技创新、拓展山区小康之路"。该地产业发展好，以"公司+基地+农户"模式，推动乡村全面振兴，为学校对外承接研学、团建、户外拓展、会议、参观实践等项目奠定了基础。③一镇：桂洋镇。当前，桂洋镇正以建设永春县生态产品价值实现试点镇为抓手，以"区域品牌构建推动桂洋镇全要素资源价值实现"为主线，盘活区域内优势资源，推动生态优势转化为发展优势，探索整镇绿色生态资源价值转化路径。④一村：西昌村。西昌村位于蓬壶镇西部，是永春县人口众多的平原村之一。近年来，该村通过对自然生态资源的挖掘以及多元文化的开发，常态化开展持家有道、乡村雅集等乡村活动，在传承、输出西昌传统文化的同时，将游学实践、课堂教育等新时代元素融入美丽乡村建设中，赋予本土传统文化、传统建筑、传统手工艺等具有在地特色的农耕文化新的时代内涵，继而产生新的文化价值，以促进当地村民参与乡村振兴，发展新型生产力。⑤一社区：桃城镇花石社区。桃城镇花石社区地处永春县城东郊，晋江上游流域南群，红色资源丰富，人文底蕴深厚。社区始终坚持"党建引领＋生态振兴"这一发展主题，围绕"红花石"党建品牌特色，统筹推进生态社区建设，积极探索县域近郊型生态化的产业模式、文化形态、人居聚落和社区组织的发展模式。⑥一协会：永春县蜜蜂产业协会。永春县蜜蜂产业协会通过"协会＋公司＋合作社＋家庭农（林）场＋基地＋农户"的方式构建蜜蜂产业利益共同体，助力永春县荣获"国家级林下经济示范基地——永春县蜜蜂养殖林下经济示范基地"，该协会将进一步推动"蜜蜂＋生态修复""蜜蜂＋林下经济"等生态经济模式的落地实践。⑦一茶场：苏坑镇洋坪茶场。苏坑镇以洋坪村为试点，立足生态资源优势和茶产业资源优势，深入开展生态产品价值实现工作，为整镇推进生态产品价值实现奠定良好的基础。⑧一农场：呈祥有机公社。呈祥有机公社内土地有梯田、茶果园、森林、湿地、溪流、沼泽等。2021年，公社提出"631"分配法则，即农户六成、销售商三成、基地一成的利益联结机制，有效连接农户与市场，共同推动农业产业发展。当前，呈祥有机公社正努力把农场建成"高山绿色可循环的农业体系示范区"。

第二，以社区营造将农民组织起来，激发集体行动的动力。生态环境治理是一项系统性工程，良好生态环境是人与自然、人与人、人与社会和谐共生的体现。因此，在生态环境治理中仅仅从自然的角度来认识是远远不够的，只有将人文和社会因素与乡村的自然生态环境作为一个整体来考察，激活在地文化资源、创设组织化和社会化的氛围，提升集体行动的原动力，才能够有效推动生态环境治理工作。在福建永春这一案例中，当地通过社区大学的建设和运营，实现社区社会关系的重构和本土文化资源的再发现、再认识，为村民参与生态环境治理奠定了基础。

社区大学概况

永春社区大学是"政府＋民间"合力而为、以乡村振兴为关键方向的新型县域"智库模式"的公共空间综合体。其立足于文化、教育和组织建设，着眼于构建贴近生活的大众教育、经济适用的成人教育、学以致用的发展教育、扎根社区的公民教育和丰富多彩的文化教育五大教育体系，工作涵盖了教育、文化、经济等各个层面，致力于社区的综合发展。并基于社区本土资源、深入挖掘与梳理地方性知识体系，以各类课程与活动为切入点，促进在地化知识的传承创新和互助型社区建设，助力乡村振兴。

它不是我们通常意义上理解的学校的概念，首先是作为一个社区发展组织存在的。社区大学一开始就站在了以社区为本的立场，其存在的目的是社区全方位的改善。另外，社区大学要与本土组织进行广泛的合作，同时要立足于本土的文化来开展工作，而不能脱离本土的组织和文化。

永春社区大学在创立之初就通过吸引老人、妇女积极参与乡村文化活动来重构乡村关系网络。永春县当地青壮年男性大多去往厦门、福州、广东等地打工，乡村留守群体以老年人、家庭妇女和小孩为主。这一现象意味着传统社会场域中能动主体的缺失，留守群体长期在文化活动中处于边缘角色，缺乏自主开展文化活动的能力和意识，造成传统社会成员之间的互动减少，公共空间陷入沉寂。面对上述情况，社区大学将老人、妇女作为发展的重要对象。一方面，社区大学开展与村民共建社区档案活动，拜访村中老人，听他们讲述本地故事，挖掘和记录本地文化；带领和引导乡村儿童访谈家族长辈，书写家谱，记录家族历史和村庄文化传统，促进社区文化资本的聚集。另一方面，积极发动妇女参与乡村文化活动，例如读书会、"四点半课堂"等，以文化资本塑造社会公共活动空间。后来随着社区文化活动的广泛开展，妇女群体的文化参与意识不断增强。她们开始主动策划组织各项活动，如组织观摩学习白鹤拳等。社区大学还引导女性群体探索将当地美食与旅游文化产业相结合，通过头脑风暴等方式献计献策，探索让文化产生经济效益的途径。另外，永春社区大学还通过改造和利用传统特色建筑激活公共文化空间，促进乡村文化活动开展。经过一段时间的运营后，社区大学发现当地有一间具有鲜明地域特色且保护完好的古建筑四合院处于闲置之中，社区大学随即租下四合院，加以适当翻修后作为社区大学的活动场所。小院的建筑特色和良好环境使得社区大学举办的文化活动更加具有吸引力，同时小院还成为村中举办民俗活动和举行重要仪式的场所，一部分村民已经形成没事也到小院聊聊天的生活习惯，公共文化空间产生了强大的参与黏性。通过激活乡村公共文化空间，村民逐渐找回自发组织开展文化活动的习惯，乡村文化活动开展频率明显提高。

社区公共参与和活动参与的增多，提升了村民的社区参与水平和能力。在社区大学课程的建设和开展上，村民不再局限于社区大学组织的课程和设定的议题，逐渐开始自发组织大家共同感兴趣的社区教育课程。参与者共同出资聘请附近的教师、专业人士指导或由村民自行贡献知识，使用社区大学提供的场地（象征性支付管理费用），如聘请周边村民中擅长葫芦丝者担任老师开展教学，活动过程完全实现自我管理，增强了社区合作能力。同时，利用社区大学平台孵化妈妈服务团、爱故乡服务队、巾帼志愿者等在地组织，动员村民共同参与乡村的发展和事务管理，促进自我服务、自我更新、自我发展的新型乡村自组织形态的形成，提高了社区解决问题的能力，夯实了乡村发展内力。社区教育的内容及其产生的主要作用虽然同生态环境治理并不存在直接关联，但其中所展现的乡土文化的生态特征，是更加可持续的经济方式和生活方式得以创新的文化资源，这将为生态环境治理奠定了坚实的乡土文化基础。更为可贵的是，通过空间再造，将原本逐渐原子化的乡村社会重新组织起来，所培育出的公共精神和参与意识，将为生态环境治理提供动力。

第三，加强乡土教育，涵养生态意识。永春县通过激发、整合乡村文化资源推动乡土教育的发展，传递和弘扬生态价值理念，同时依托厚重的文化底蕴和良好的生态环境，培育有知识、有文化、对乡村有情怀的"新农人"队伍。其一，开发生态文明读本。永春县生态文明研究院初步编撰形成《永春乡土生态文明读本》（树苗版），并联合岵山中心小学开展"生态文明进课堂"专题活动。读本和活动均以永春县在地知识为核心内容，以县域人文历史的发展为脉络，传递本土的价值理念、生活习俗和思维方式，以此来指导当地生活系统的运行。在这一过程中，当地乡土文化和乡村生活的价值被发掘，乡土社会生态系统性和自我满足的能力再次被认识，孩子们在情感上重新贴近自己长于其中的乡土社会，培育乡土人才，提升亲密感和责任意识。其二，举办社区教育活动。首先在常态化教育活动中，永春县生态文明研究院组织村庄青年、宝妈等群体组成教师队伍，以在地化资源为依托开设白鹤拳、纸织画、乡土手工等课程，组织村庄调研等活动，通过增加大、中、小学生对乡土的了解程度进一步培育其对乡土文化的价值认同和自信心。另外，永春县生态文明研究院还通过筹划开展"耕读大学"交流活动、"山水精灵"夏令营、"月是岵山明"中秋活动等社区大中小型活动来涵养公共意识和生态意识，培养孩子们对于乡土的热爱精神，增强对于家乡故土的责任感和义务感。

4. 源头治理，转型升级，构建乡村生态环境治理发展共同体

生态农业、绿色农业是解决农业环境问题的根本之策。根据世界发达国家的经验，现代化的乡村有着美丽的生态环境、浓郁的人文气息以及普遍高于城市的生活品质，而其高质量生活的基础在于扎实的产业与良好的环境。因此，乡村生态环境治理的又一重要任务就在于做好农业生产、发展的转型升级，转变乡村发展方式，按照宜工则工、宜农则农、宜旅则旅、宜居则居的发展思路推进乡村建设。

第一，立足农业面源污染防治，推动农业发展方式转型升级。发展生态农业，有效解决面源污染问题是前提。针对具有分散性、不确定性、滞后性和双重性特征的农业面源污染，永春县按照"源头减量、过程控制、末端利用"的要求，以"种养结合、农（林）牧循环，干湿分离、综合利用，就近消纳、不排水域"为主线，推进生态养殖。同时，持续推动有机肥替代化肥，打通有机肥还田（林、果、茶）通道。积极推广测土配方施肥技术，做到以地定产，以产定肥，控制化肥施用；加快绿色防控技术推广，加速生物农药、高效低毒残留农药推广应用，淘汰高毒农药；推进农膜回收利用；因地制宜推广秸秆还田和秸秆肥料化、饲料化、基料化和能源化利用，形成环境友好型的农业发展方式。

第二，发展绿色金融体系，保障乡村产业绿色金融供给。金融是现代产业发展的核心，乡村产业的绿色转型离不开金融支持。在福建永春这一案例当中，为配套集体林权制度改革，当地创新林业金融支持服务体系，在县行政服务中心建立健全林业金融服务平台，为林权交易提供无偿服务。与此同时，建立起产权抵押融资风险分担机制，成立永绿林业发展有限公司，提供林权流转交易、收储、担保等服务，率先出台了《永春县森林资源资产抵押贷款登记暂行规定》，完善了森林资源资产抵押贷款登记服务，创新推出"花卉贷""林好贷"等林业金融新产品，并设立花卉产业发展风险基金。除了林业产业外，针对其他地方产业和乡村建设活动，永春县金融机构积极地从产品设计、经营管理方式、扩大抵（质）押物范围等方面，不断进行金融产品和服务方式的创新，使乡村各类组织及农民普遍受益，

相继推出商标权、专利权质押贷、香业贷、芦柑贷、茶叶贷、美丽乡村贷等，推动绿色金融与乡村发展的深度融合。

第三，推动农业与乡村产业融合发展，探索乡村特色产业。农业产业化是对传统农业观念的更新和拓展，是对农业资源的综合开发、优化组合和合理利用。永春县整合全县农产品资源，精心设计品牌 LOGO 家族群，打造县域农业 IP。在配套组织体系的设计上，成立永春县乡村振兴促进会，有效解决乡村农业产业发展人员、经费不足的问题。永春县还整合了 5 家国有农场，组建起福建省永春农垦发展有限公司，并以此为投资主体，以工业化、园区化、品牌化理念推动农业发展。与此同时，永春县立足自身生态优势和传统文化底蕴，发挥特色农业、美丽乡村的优势，打造海峡两岸农文旅示范区、上沙岭花果世界等一批重点农业园区，将资源潜能变为资产，变资源、项目、品牌为资本。

永春县生态环境治理共同体建设过程及成效如图 2-1 所示。

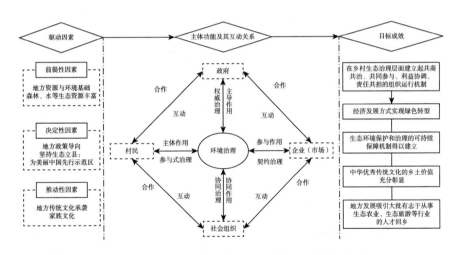

图 2-1　永春县生态环境治理共同体建设过程及成效

三　案例的经验启示

近年来，永春县不断推进"山水名城、特色乡镇、美丽乡村"建设，在地方政府主导，企业、社会组织以及村民的广泛参与下进一步突出生态优势，先后被认定为国家级生态县、全国绿化模范县、国家级生态文明建设试点示范县以及全国美丽乡村建设标准化试点县。生态文明建设的"永春模式"实现了乡村发展同经济建设、环境维护、文化传承的协调推进，在多主体共治方面为乡村生态文明建设提供了经验样本。其具体经验可概括为以下几点。

（一）乡村生态环境治理共同体建设要以激发农民主体性为前提和结果

乡村生态文明建设的主体是农民，最终建设成果也将造福于农民。长期以来，农民作为"依附者"的形象在社会场域中"出场"，他们在传统时期自然倾向宗族等各类组织，并形成了一定的路径依赖，降低了农民的自主能力。计划经济时期，由于集体化意识而形成的泛福利化，不断吞噬着农民的差异化。与此同时，因城乡二元结构形成的制度性壁垒、城乡公共资源分配不公平与资源流动不均衡，也影响着农民主体性功能的发挥。因此，塑造农民"主体能力"是推进生态文明建设进程的重要任务。在永春县，当地通过空间营造、培育新农人队伍、发展多样态乡村经济等多种方式，引导农民参与生态环境治理，形成公共意识、提振自觉行动的能力。在分析永春案例激发农民主体性多元举措的基础上，我们可以提炼出以下几个方面。第一，要统筹城乡一体化建设，激发农民主体活力。通过推动城镇及发达地区的人口、技术、资金等资源向乡村延伸和覆盖，乡村地区向城市提供绿水青山、文化体验、优质农产品等资源，实现城乡资源要素双向流动，通过增加就业机会、提振收入等效应，增强农民对生态文明建设的信心，从而进一步激发农民主体的内生动力。第二，要提高乡村的组织化程度，优化农民主体参与。农民只有通过合作，才能真正参与到乡村生态文明的建设中。依托各类乡村政治组织、经济组织提高农民的自我发展能力和组织化水平，使小农户能够承接生态文明建设进程中国家、地方公共资源的输入进而共享生态文明建设成果。第三，提高农民综合素质，增强农民主体能力。一方面，培育新型职业农民，提高农民驾驭市场的能力。在乡村空心化和农业劳动力老龄化的情况下，新型职业农民是构成各类乡村新型经营组织的基本力量，也是推动乡村生态文明建设的主体。培育新型职业农民是一项复杂的长期性工作，在生态文明建设的大背景下，要坚持农民培育的绿色导向，在产业选择、技术投入、技能提升、废物处理、政策扶持等方面提供指导和帮助，培育"有文化、懂技术、会经营"的新型农民队伍。另一方面，加强宣教体系建设，唤醒农民生态文明意识。以广大农民喜闻乐见、通俗易懂的方式开展宣传教育，具体通过大众传媒等途径，利用树立典型等方式，使生态文明意识深入人心，进而催生出践行生态文明理念的自觉行动。

（二）乡村生态环境治理共同体建设要明确各方治理权责

正如一个企业各部门职责分明、各司其职、有序运行一样，如果跨部门信息共享缺失或失真，职能部门间相对独立的发展方式便会限制企业的平衡发展。乡村生态环境治理要精准定位各治理主体的逻辑位置，不断整合治理资源和各治理主体的功能优势，强化生态环境协同治理的实践效果。政府肩负着引领地方发展，规范企业单位、乡村居民等其他治理主体行为的责任。例如，在永春县这一案例中，推动林业资源资本化的前期工作，即对生态资源、集体资产进行盘点清查，实现生态产品金融化等活动和工作当前只能由政府来高位推动；制度约束以及配套激励、奖惩制度的实施也需要政府权威形象的发挥，以此形成乡村生态环境治理的有序性和规范性。企业单位则在政府制度规范、法律约束等的影响下，由传统环境污染的制造者和生态的破坏者转为环境污染的治理者和生态的建设者。社会组织则发挥其"亲村民"形象和发展定位的作用，为政府和社会、村民之间构建一个可以连接和对话的渠道，能够有效克服生态文明建设过程中的社会冷漠和政治冷漠，发挥培育社会资本和公共精神的效应，为生态文明建设夯实群体基础和营造参与氛围。居民则应不断加强生态环境保护和生态环境治理意识，充分行使自身的参与权、知情权和监督权，对政府的引领和企业持续性绿色发展的过程进行监督，形成多元协同、多元监督的主体结构。各主体充分履行自身职责，形成良好的协同共治的局面。

（三）乡村生态环境治理共同体建设要注重多方面联结因素的挖掘

一方面，要铸牢基于生态的利益共同体意识。共同的生态利益是乡村生态文明建设集体行动的重要诱致性因素，实现乡村生态文明多主体共治需要夯实建立在共同生态利益基础上的利益共同体。在永春县，地方政府通过"林业经济"的打造与村集体、农户紧密联结；社会组织以"'八个一'生态产品价值化"项目的落地与政府实现良性互动、帮助农户实现致富增收。因此，利益共同体的建设要确保政府、企业、社会组织与农民群众等多元治理主体公平公正地参与乡村生态文明建设进程，切实满足多主体真实的生态利益诉求。在打破多元化治理主体相互割裂、相互分离的散乱现状的基础上，不断强化政府、企业、社会组织及村民等治理主体之间的互动联系，充分整合和优化各方资源，调动不同主体参与的积极性、能动性和创造性，从而践行乡村生态文明建设"人人有责、人人尽责、人人享有"的价值理念。另一方面，要建立基于生态文化认同的文化共同体。一方水土养育一方文化。乡土文化与生态环境之间有着千丝万缕的联系。把握好生态之维和文化之维的关系是推进生态文明建设的重要前提。永春县宗族文化底蕴厚重，宗族文化维系着村民对宗族共同体的身份认同与责任连带，能够形成集体行动的原动力。在推进生态文明建设的过程中，当地十分注重乡土文化资源的挖掘和利用，以乡土文化资源为脉络、依托来凝聚生态共识、推动生态教育、发展生态农业经济，探索出一条有人文底蕴，注重文化传承，生态效益、社会效益、经济效益同步实现的发展道路。因此，在推进生态文明建设的进程中，要充分发挥传统文化在乡村底蕴深厚、流传久远、认同度高的优势，充分运用家规家训、俗语格言等教化资源，使优秀的传统文化鲜活起来，潜移默化影响农民群体的价值取向和道德观念。同时，对地方现有文化资源要做到有效保护，深入乡村进行全面排查，做好归纳梳理、登记造册、建立台账等工作，在做到"掌握家底"的基础上再启动活动开发工作。

四 案例反思

在福建永春这一案例中，在地化社会组织参与是永春县生态环境治理共同体建设中一项值得关注的内容。永春县生态文明研究院（以下简称"研究院"）通过在地化活动创建公众参与生态环境治理甚至地方治理的平台和载体，将关注的视野延伸至农民个体，将生态文明的理念和生态环保的意识送至基层。具体而言，可将其举措概括为如下两个方面。第一，利用在场优势，在互动中深化信任关系。研究院的工作人员最初以陌生人的身份初入村落时，是以"类政府"的身份获得服务"入场券"。后凭借驻村的优势充分了解村庄概况、绘制社区资产地图，并通过开展读书会、营造公共空间等，聚集自身人气，充分获得本村村民乃至整个县域范围内村民的充分信任。在调研组在永春县开展调研期间，就有村民表示，就是因为一些活动是研究院工作人员参与筹办的，才愿意参与进来。第二，结合社区需求分级分类开展服务，形成良好的服务氛围和社区文化。在进行线上访谈的过程中，研究院工作人员不止一次向我们提到，"我们就是要立足实际需求来开展活动"。与该理念相对应，一方面，研究院积极为村民提供参与市场经济的机会，为妇女群体创造民宿保洁等就业机会；推动城市要素进乡村，将村民传统手艺变为致富资本。另一方面，研究院开展文化夏令营、"四点半课堂"等活动，共同构建以信任为基础的友爱社区。充分的信任和高度的黏性使得研究院在生态价值理念的传递方面形成天然的优势，为农民群体生态素养的形成做出重要贡献。

除了总结研究院与村民的互动方式外，其与政府间的关系以及自身职能发展问题也是关系研究院职能履行的重要因素。我们通过实地调研发现，永春县生态文明研究院在自身发展职能定位上存在不明确的情况。通过与研究院工作人员的交流，我们不难发现他们更愿意将自身定位为与村民连接的社会组织，在同村民的交流中，村民对研究院的定义也仅仅局限于社会组织，但现有的官方资料却更倾向于将研究院定义为为政府服务的生态文明智库机构，在注册、自身职能的履行和存续问题上不可避免地受到政府导向的影响，形成被动的外部依赖，造成自身"想为"和官方"应为"之间的张力，在一定程度上存在自主性缺失的现实发展瓶颈。

案例运行机制如图 2-2 所示。

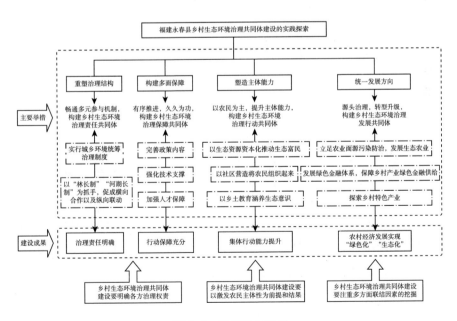

图 2-2 案例运行机制

第三章 浙江遂昌县乡村生态产品价值实现机制的实践探索

一 案例背景

改革开放以后，浙江凭借独特的区位、市场、人文等方面的优势，实现了经济、社会快速发展，成为全国经济实力最强、最具发展活力的地区之一。习近平同志到浙江工作后，紧密结合浙江实际创造性贯彻落实党的理论和路线方针政策，在全面深入调研基础上提出"两山"理念并实施"八八战略"，对浙江发展做出全面规划和顶层设计，高瞻远瞩地选择生态经济的发展方向，为浙江转型长远发展奠定了坚实基础。从习近平同志主政期间的浙江生态文明足迹与建设来看，早在 2002 年 6 月，浙江省就生态文明建设做出重要部署，提出建设"绿色浙江"的目标，浙江生态文明建设开始上升到一个新的高度。2003 年 1 月，浙江顺利成为全国生态省建设试点省份之一。7 月，浙江确定实施"八八战略"，明确提出要将浙江创建为生态省。其后，浙江省政府为进一步指导生态省建设，正式颁布《浙江生态省建设规划纲要》。2004~2007 年，浙江在"八八战略"引领下，采取多项举措推动生态省建设，促进浙江生态文明建设开启新的征程。尤其是习近平同志在浙江湖州安吉考察时首次提出"绿水青山就是金山银山"的科学论断，[①]"两山"理念系统剖析了经济与生态在演进过程中的相互关系，深刻揭示了经济社会发展的基本规律，不断丰富发展经济和保护生态之间的辩证关系，推动实现绿水青山向金山银山的转换。"生态就是资源，生态

---

① 中共中央党史和文献研究院第七研究部：《全面建成小康社会通俗读本》，中央文献出版社，2022，第 296 页。

就是生产力。"① 在取得成绩的同时，浙江省仍然存在一些发展困境，例如发展模式未完全调整，生态环境治理等领域仍存在短板，部分地区乡村未能充分发挥生态资源的发展优势，生态价值转换的动能薄弱，生态产品附加值不够，对乡村的共同富裕带动作用有待提升。因此，进入新发展阶段，浙江要持续推进生态文明建设和乡村振兴战略的实施，走出绿色发展强村富民的新路子。

从政策导向来看，党的十八大首次提出了建设"美丽中国"的目标任务，2020 年 10 月 29 日，党的十九届五中全会把"构建生态文明体系，促进经济社会发展全面绿色转型"作为"十四五"规划和 2035 年远景目标之一。2021 年 3 月出台的《中华人民共和国国民经济和社会发展第十四个五年规划和 2035 年远景目标纲要》强调，"十四五"时期要"把乡村建设摆在社会主义现代化建设的重要位置……建设美丽宜居乡村"。② 在此基础上，党的二十大报告进一步强调，"必须牢固树立和践行绿水青山就是金山银山的理念，站在人与自然和谐共生的高度谋划发展"。在此背景下，浙江省委召开十三届二次全会，提出要深入贯彻各项方针政策，持续推进生态省建设，加快"美丽浙江"建设步伐。2017 年，浙江省第十四次党代会提出，实施建设大花园的战略目标，支持丽水等生态资源丰富的区域依靠绿色生态实现崛起，将生态经济发展作为经济新引擎。2022 年，浙江省实现国家污染防治攻坚战效果考核、生态环境满意度评价"两个全国第一"，减污降碳协同创新区建设、生态环境数字化改革和"大脑"建设试点省"两个全国唯一"。2022 年 5 月发布《浙江省生态环境保护条例》，专设"生态产品价值实现"章节，从健全生态产品价值普查、评价、考核机制，支持山区、海岛县（市）发展旅游、休闲度假经济和文化创意等产业，鼓励社会资本参与生态产品经营开发，建立健全生态保护补偿机制等维度，构建生态产品价值实现的基本制度框架，为"两山"转化提供实现机制，通过生态价值转化以绿色共富路径助推强村富民。③ 从建设"生态浙江""美丽浙江"到建成全国首个生态省，再到落实"两山"转化实现机制，足以见浙江省对

① 窦孟朔等：《中国特色社会主义民生理论研究》，人民出版社，2018，第 717 页。
② 《中华人民共和国国民经济和社会发展第十四个五年规划和 2035 年远景目标纲要》，《人民日报》2021 年 3 月 13 日。
③ 《浙江省生态环境保护条例》，《浙江日报》2022 年 7 月 4 日。

生态环境保护的重视程度日益提升。为了加快推进生态文明建设进程，浙江省如何处理好经济发展与生态建设的关系、如何将生态资源转化成富民资本问题的解决已成为当务之急。

浙江省发布的生态环境状况公报显示，丽水市生态环境状况指数连续19年保持全省第一，优越的生态资源优势是丽水市加快发展的潜在条件。习近平总书记在深入推动长江经济带发展座谈会上的讲话中强调，"浙江丽水市多年来坚持走绿色发展道路，坚定不移保护绿水青山这个'金饭碗'，努力把绿水青山蕴含的生态产品价值转化为金山银山……实现了生态文明建设、脱贫攻坚、乡村振兴协同推进"①。丽水立足生态资源这一优势，在发展中让绿水青山不断提质增效，然而长远看来，丽水仍存在生态产品价值实现机制转化不畅、潜能释放不足、绿色发展不充分等一系列现实困境，针对以上亟须解决的问题，通过实地调研生态环境状况指数居于丽水县首位的遂昌县，重点选取享有"避暑胜地"美誉的县域内海拔最高乡镇——高坪乡，以浙江省丽水市遂昌县高坪乡为基础，通过总结浙江省丽水市遂昌县乡村生态发展的实践举措，找出生态产品价值实现的转换关键点，提炼切实提高乡村生态环境治理水平的经验启示，从而发挥生态环境建设在乡村振兴中的作用，进一步以生态资源转化带动经济持续健康发展，在护好绿水青山的同时将其转化为金山银山，建设生态价值转化推动共同富裕的可持续发展路径。

二　案例呈现

（一）案例背景

在全面推进生态文明建设过程中，浙江省作为"两山"理念、"八八战略"初创地，深入践行"绿水青山就是金山银山"理念，统筹推进美丽浙江等"六个浙江"建设，不仅持续深入推进生态文明建设，还不断细化生态文明建设具体举措，形成一系列生态文明建设方案，并取得显著成效。浙江省持续推动完善顶层设计，不断强化环保"811"行动、美丽浙江建设"811"行动，大力推进"五水共治""三改一拆""四边三化"统筹山水林田湖系统

---

① 习近平：《在深入推动长江经济带发展座谈会上的讲话》，《人民日报》2018年6月14日。

治理，持续深化"千村示范、万村整治"工程、建设美丽乡村、小城镇环境综合整治、"大花园"建设行动，走出了一条富有浙江特色的绿色发展之路。

其中，浙江丽水境内海拔 1000 米以上的山峰有 3573 座，森林覆盖率达81.7%，被誉为"浙江绿谷"。[①] 作为首批国家生态文明先行示范区、国家生态保护和建设示范区和第二批"绿水青山就是金山银山"实践创新基地，丽水是全国 32 个陆地生物多样性保护优先区域之一，物种多样性居全省首位，有着"中国生态第一市"的美誉。2013 年 11 月，浙江省委、省政府对丽水做出"不考核 GDP 和工业总产值"的决定，要求丽水更加注重绿色均衡发展，进一步提升生态质量。立足生态这一最大的优势，丽水以最顶格的标准保护生态环境，把生态保护作为"第一底线"，把 95.8% 的市域面积规划为生态空间，用心发展"绿色 GDP"、开展全域生态信用体系建设、对标欧盟标准制定农药化肥准入和用量标准、在全省率先开展全国地下水污染防治试点建设……丽水市在"两山"理念的指引下，因地制宜推进生态优势向经济优势转变，在高质量绿色发展之路上的探索实践成效显著：截至 2022 年，丽水生态环境状况指数连续 19 年全省第一，农民人均可支配收入达 28470 元，同比增长 7.9%，增幅位居浙江省第一，顺利实现全省"十四连冠"，[②] 良好的生态环境成为最普惠的民生福祉。但丽水在探索高质量绿色发展过程中，也出现了发展所需的各种生产要素不足、资源配置及利用不合理等问题，这极大地限制了丽水优质的生态资源转化为经济社会发展优势，归根结底丽水存在"两山"理念指引着的生态产品价值实现机制转化不畅、潜能释放不足、绿色发展不充分等短板。进入新时代，如何让绿水青山转化为金山银山，并成为带动民生福祉的经济增长点成为丽水亟待解决的问题。

《浙江省生态环境状况评价报告》显示，丽水各县（市、区）的生态环境状况指数（EI 值）均在 85.0 以上，生态环境状况级别均为优，EI 值按降序排列依次为：遂昌、龙泉、庆元、景宁、青田、云和、缙云、松阳和莲都。[③]

---

① 丽水史志网，http://lssz.lishui.gov.cn/col/col1229398063/index.html。
② 《2022 年丽水市生态环境状况公报》，丽水市人民政府，2023 年 6 月 12 日，https://www.lishui.gov.cn/art/2023/6/12/art_1229216407_57347191.html。
③ 《所有县（市、区）EI 值均在 85.0 以上 丽水生态环境状况指数连续 18 年排名全省第一》，丽水市人民政府，2021 年 10 月 27 日，https://www.lishui.gov.cn/art/2021/10/27/art_1229218389_57327989.html。

遂昌县的生态环境状况指数列丽水首位。其中，高坪乡是遂昌县海拔最高的乡镇，平均海拔 800 多米，森林覆盖率高达 82.5%，空气负氧离子有 1 万个单位以上，夏季平均气温 24 摄氏度。且高坪乡自然资源丰富，景色迷人，风景秀丽，有亿万年积淀的丹霞地貌，有 2.4 万亩竹林、1.4 万亩结香花、3500 亩高山蔬菜，还有面积超过 1700 亩的"华东第一高山盆地"、万亩杜鹃林、丹霞奇观石姆岩、百年古树群等，形成了亮丽风景线。① 食材质优，有千亩高山蔬菜基地，昼夜温差大，品质优、味道鲜；空气清新，有万亩竹海，森林覆盖率达 82.5%；高坪乡无工业企业污染，每立方厘米负氧离子超过 10000 个，PM2.5 年均浓度为每立方米 18 微克，地表水达到或优于Ⅱ类水比例为 100%，入选省第一批生态文明建设实践体验地、国家级生态乡镇、国家生态文明建设示范乡镇试点，中国美丽乡村建设示范镇以及浙江省 AAA 级景区乡镇。② 自 2008 年开始，高坪乡依托山高、水清、空气好、温差大等生态优势，着力发展休闲旅游业，在丽水市、浙江省乃至整个长三角地区享有"避暑胜地"的美誉，其利用独具特色的生态资源探索生态产品价值实现机制的发展通道。

近年来，高坪乡依托石姆岩、高海拔、田园风光、农事体验、民俗美食等旅游资源，着力将全乡打造成一个大景区，现已形成了以原生态果蔬观光体验园、田园骑行驿道、农产品电子商务配送中心、体验式家庭农场为主要功能区块的高山养生类农家乐村落。与此同时，截至 2021 年，高坪乡农家乐综合体共有农家乐经营户 35 户，床位 450 余个，被评为"浙江省十佳避暑胜地"。③ 高坪乡立足深厚的生态资源，锚定"长三角户外休闲运动生活目的地"建设目标，丰富旅游业态，推动生态旅游高质量转型，使优质的生态资源优势逐渐转化为经济社会发展优势，成为乡村振兴、共同富裕的重要支柱。

---

① 《等您来打卡！遂昌新增一条省级精品线路……》，腾讯网，2021 年 5 月 19 日，https://new.qq.com/rain/a/20210519A0EIGN00。

② 《高坪乡被命名"省级生态文明教育基地"》，遂昌县人民政府，2021 年 12 月 17 日，https://www.suichang.gov.cn/art/2021/12/17/art_1229387983_60225081.html。

③ 《【传统村落】山里人家，云上高坪——高坪乡高坪新村》，搜狐网，2021 年 10 月 8 日，https://www.sohu.com/a/494028446_121106832。

（二）高坪乡落实生态产品价值实现机制的主要举措

高坪乡聚力创新业态，将生态环境的比较优势植入整个发展进程，将稀缺的生态资源转化为高溢价的生态产品，使清新的空气、洁净的水源、优美的村落、宜人的气候及其造就的生态产品融入各个产业，最大限度地转化为发展成果和富民实效，努力探索一条政府主导、村民参与、市场化运作、可持续的生态产品价值实现路径。其中包括一系列创新促进生态产品价值提升和转化，探索建设生态共富路径的典型举措。

1. 党建引领激发人民内生动力，助推绿色发展

党建引领激发了农民的内生动力。在全面推进乡村振兴战略中，坚持农业农村优先发展是全面建设社会主义现代化国家的应有之义。近年来，高坪乡以加快跨越式高质量发展为最大的工作实践，以党建引领赋能作为乡村振兴主体的人民，推动乡村自主发展，不断激发乡村内生动力，充分发挥农民主体作用，加快发展乡村集体经济，率先实践"一元扶志"激励项目，因地制宜推动平风塘、蓝莓庄园"共富工坊"建设，精准聚焦低收入群体；通过党建联建、对外借力等助推村集体经济增收；推出"原地倍增计划""共富合伙人招募计划"等创新载体，吸引工商资本进入，引导全乡上下聚力攻坚，在发展中意识到生态环境保护的重要性，主动转型。

（1）党建帮扶低收入群体就业，实现助民共富。高坪乡坚持共富路上党员干部先行，打造"助民共富我先行"志愿服务队，为村级经济增收、人居环境整洁、困难群众帮扶等事业做出实打实的举措，截至 2023 年 11 月共开展党员志愿服务 70 余场，覆盖党员超 200 人次。① 高坪乡精准聚焦最薄弱的低收入群体，主攻最难把握的扶志关，率先实践"一元扶志"激励项目，由省机关事务局联系订单、进行产品品控以及市场反馈，县相关单位给予技术帮扶和结对帮扶，高坪乡党委给予全程指导，通过党员干部动员、监管、帮扶，村经济合作社积极参与，低收入农户按要求种植，在发

① 《"一把手"大比拼 ｜ 完成 300 张农家乐床位改造提升，高坪乡探索走出旅游富民新路径》，"遂昌新闻"微信公众号，2023 年 11 月 17 日，https://mp.weixin.qq.com/s?__biz=MjM5MDI2NzAwNA==&mid=2651280308&idx=2&sn=6ba889841a9fe334acb5e4f457c57dc8&chksm=bdb490a78ac319b1b492fab9a8a771697523f1cd67b0f18046282ad774f840ab78949d92b0cb&scene=27。

展高质量生态农业的同时助民共富。另外，因地制宜推动平风塘、蓝莓庄园"共富工坊"建设，以工坊吸纳低收入群众就业，同时运用党群服务中心开展技能培训 30 余场，覆盖人员超 500 人次。遂昌平风塘家庭农场是扎根于海拔 850 多米的"共富工坊"。"共富工坊"全力打造"云上农耕"品牌，通过传统与现代的融合、农业与旅游的结合、农耕文化与智慧乡村的衔接，积极探索农旅融合共富路径。仅在 2021 年，"共富工坊"通过电商平台、商超网络向外供给高山茜菜超 15 万千克，为高坪乡农户创造超 100万元收入。2023 年 11 月，受多种因素影响高坪长瓜滞销，"共富工坊"以超出市场收购价近 3 倍的价格集中收购农户 5 万余千克长瓜，通过商超网络销售为高坪果蔬开拓了新市场。2023 年 11 月，完成重点群体就业帮扶 123人次，为 14 户低保低边家庭提供了 14 个公益性就业岗位。[①]

高坪乡"一元扶志"激励项目

2019 年启动"一元扶志"激励项目，"一元扶志"立足农产品对标欧盟标准，在海拔 1000 米以上的高坪乡箍桶丘村试点种植，后在高坪全乡推广，通过"五统一"模式沿袭传统精耕细作的古法种植水稻。水稻种植、管护、加工、运输全过程用工优先使用低收入群众，同时实行低收入群众"一元扶志"补助金制度，单项助推低收入农户增收32%。"五统一"指"统一购种、统一收购、统一碾制、统一包装、统一销售"，其中具体包括以下内容。①统一购种：选取中浙优 8 号，村经济合作社从种子公司采购，根据低收入群众种植面积免费配比 [25元／（斤·亩）]。②统一收购：按照低收入农户、诚信度高及帮扶低收入农户的普通农户、普通农户的顺序收购，建立不诚信黑名单，以次充好、以旧充新、不按规定使用农药等一经发现，取消收购资格，收购价格为低收入农户 2.3 元/斤＋1 元/斤（扶志金），普通农户 2.3元/斤（市场价格为 1.6～1.7 元/斤）。③统一碾制：精加工标准为 100 斤

---

① 《"一把手"大比拼 ｜ 完成 300 张农家乐床位改造提升，高坪乡探索走出旅游富民新路径》，"遂昌新闻"微信公众号，2023 年 11 月 17 日，https：//mp. weixin. qq. com/s?__biz＝MjM5MDI2NzAwNA＝＝&mid＝2651280308&idx＝2&sn＝6ba889841a9fe334acb5e4f457c57dc8&chksm＝bdb490a78ac319b1b492fab9a8a771697523f1cd67b0f18046282ad774f840ab78949d92b0cb&scene＝27。

稻谷精选 60 斤稻米（普通稻米 72%），米糠充抵加工费，过程中用工使用有劳动能力的低收入农户。④统一包装：分为 10 斤与 50 斤两种规格，由村经济合作社成员全程把控质量。⑤统一销售：由村经济合作社确定订单，安排稻米运输售卖。

（2）党建联建、对外借力等助推村集体经济增收。高坪乡党委通过政策导向的引导和扶持，以全面学习宣传贯彻党的二十大精神为主线，扎实开展主题教育，自觉从严治党、守护"红色根脉"。高坪乡党委与省机关事务管理局、莫干山管理局等 3 家单位开展山海联建，与北界、应村联合组建"共富联盟"，以党建联建助推村集体经济增收。高坪乡在实践"一元扶志"激励项目的过程中，进一步探索"一元扶志"新玩法，对外借力联合青田侨乡资源共建"一元扶志"进口超市。据了解，"一元扶志"进口超市运营模式是引进西班牙归侨为超市免费铺货，由高坪乡农村集体经济发展有限公司经营，每出售一件进口商品，只收取一元作为运营管理费用，其余收益全部用于农家乐转型升级、低收入农户帮扶、村集体经济增收等助民共富事业。高坪乡党委通过对外借力，利用青田侨乡资源开展考察投资、侨助共富等活动，努力探索出一条高山乡镇加速高质量发展，实现共同富裕的新路。

（3）党建引领乡企合作，引入共富资源。高坪乡立足资源禀赋，探索系列创新举措，加快转型升级步伐，推出了"共富合伙人"招募计划，先后招募莫干山镇、浙江烁鑫贸易有限公司等 9 家单位、36 名乡贤和 23 名华侨为"共富合伙人"，通过搭建平台推动高坪的优质农特产品走出去，通过"土货出山、洋货进来"这一进一出，转变高坪乡康养经济的固有模式，实现畅通循环，引来共富活水。

高坪乡引入"共富合伙人"招募计划，提出"四个一"，包括"一枚山果""一篮山货""一亩山地""一间山舍"（见图 3-1）。"一枚山果"是改变以往土特产论斤售卖、给钱就卖的模式，走高端精品农特产品销售道路，立足高山昼夜温差大的特点，加大农产品品牌培育及推广力度，持续推介农副产品参加系列赛事评比活动。"一篮山货"则是以科技、人才赋能高山农业产业，通过引进院校专业力量发展绿色农业，与浙江大学、丽水市农科院合作完成氮磷生态拦截沟渠、秸秆综合利用、数字化蔬菜工厂、智能化科技大棚等技术改造项目。"一亩山地"是通过盘活闲置土地资源，创新"土地流转+土地整治+产业导入"模式，加大企业招引力度，以土地流转为载体，村集体经济合作社将农户土地进行流转整理，再由村集体经济合作社统一流转至公司，持续增强土地利用效能，找到推进现代农业发展的"金钥匙"。"一间山舍"是创新农家乐转型升级模式，由高坪乡农村集体经济发展有限公司（强村公司）与云上农旅发展（遂昌）有限责任公司（工商资本）和农家乐经营户三方合作，在农户不出一分钱的前提下，投入5000～15000元资助1间农家乐转型升级，云上农旅发展（隧昌）有限责任公司享有该间山舍冠名权和改造方案建议权，强村公司改造，第三方运营，收益归还本金，为农家乐量身制定"一户一策"改造方案，改造完成后按投资额享有每年2～5夜居住权。投资人也可为该间山舍推介客人，共享收益。

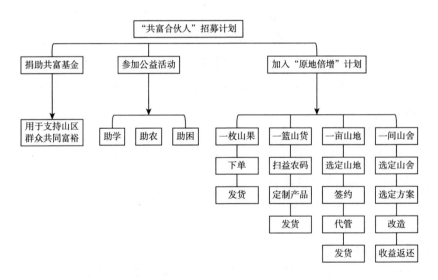

图3-1 "共富合伙人"招募计划示意

高坪乡创新推出农家乐转型升级"原地倍增计划"，通过政府牵头统筹规划、市场主导创新运营、多方借力开放提升等方式，助力传统农家乐迭代升级，实现农户不出一分钱即可"提级改造、收益倍增"。首批完成农家乐300张床位改造提升，预计每年可带动农户增收200余万元。高坪乡6个行政村全部完成"30+15"消薄任务，盘活农贸集市、邮政大楼、高坪新村综合楼、旅游集散中心等闲置资产，与宇恒电池股份有限公司签订储能合作项目，实现村集体经济增收，[①] 有助于将原有的暑期旅游旺季扩充至全年，提高农家乐全年入住率以及接待能力，真正让高山群众提升实现共同富裕的内生动力，实现高坪共富。

2. 打造康养旅游产业，激活生态价值转换新动能

高坪乡把生态治理和发展新型康养旅游产业有机结合起来，实现生态文明建设、生态产业化、乡村振兴协同推进。高坪乡党委发挥乡村生态资源丰富的优势，把村民组织起来，以村民增收为目标，面向市场建立利益联动机制，让各方共同受益，让土地、劳动力、自然风光等要素活起来，通过培育具有健康促进功能的康养食品，建设康养食品主要供给基地，建设集文化、民俗、风情于一体，提供吃、住、游、购、体验等服务的康养旅游民宿及农家乐，形成新型康养旅游产业，激活生态价值转换动能，让绿水青山变金山银山。

（1）发展高山生态精品农业。高坪乡利用生态资源禀赋加快建设高标准、高品质生态农产品生产基地。建设生态农业科研育种基地和生态农业科技园，建设集种植、养殖、加工、配送、采摘、旅游观光于一体的生态农业产业园等。高坪乡是一个距离遂昌县城53公里、平均海拔800多米的偏远乡。山高林密、地少人稀。高坪乡积极响应县委、县政府提出的"经营山水、统筹城乡，全面建设长三角休闲旅游名城"的发展战略，充分发挥后发优势，以新山区经济发展模式为引领，以生产原生态高山蔬菜为主，以绿色生态农业发展为指导，在划定的基本农田保护区范围内，建成集中连片、设施配套、高产稳产、生态良好、抗灾能力强、与现代农业生产和经营方式相适应的高标准基本农田，推动高坪乡生态农业的发展，"桃源尖"高山蔬菜产自海拔890多米的石姆岩景区内，这里空气清新、昼夜温差大，全年平均气温为13.4摄氏度。基地栽培全部采用有机标准种植，采用杀虫灯、昆虫性诱剂等技术达到杀灭害虫的目的，杜绝化学农药的使用。"桃源尖"获得了"丽水市著名

① 《"一把手"大比拼 ｜ 完成300张农家乐床位改造提升，高坪乡探索走出旅游富民新路径》，遂昌新闻，2023年11月17日，https://mp.weixin.qq.com/s?__biz=MjM5MDI2NzAwNA==&mid=2651280308&idx=2&sn=6ba889841a9fe334acb5e4f457c57dc8&chksm=bdb490a78ac319b1b492fab9a8a771697523f1cd67b0f18046282ad774f840ab78949d92b0cb&scene=27。

商标"。2022 年，高坪乡入选 2022 年浙江省美丽城镇建设样板创建名单（农业特色型）。

（2）发展生态服务业，打造康养农家乐。高坪乡发挥生态环境优势，发展文旅、康养等生态友好型服务业。浙江省打造康养指数（HPI），将保障公众健康理念融入生态环境治理，以生态"含绿量"提升经济发展"含金量"，加快拓宽生态价值转化通道。在此背景下，高坪乡积极开发"生态文化服务产品"，在原生态精品农业发展的基础上全力打造高山避暑旅游产业，形成了地方政府、村集体、村民、工商资本四方共同参与、利益共享、风险共担的生态产品价值产业化实现的"高坪模式"。

高坪乡在严格保护生态环境的前提下，创新多样化模式和路径，科学合理推动生态产品价值实现。依托自然禀赋，积极推广人放天养、自繁自养等原生态种养模式，因地制宜发展茶叶、高山蔬菜、猕猴桃等特色生态精品农业，打造绿色、现代、高效的高山蔬菜、高山果品、高山大米加工厂，推动高坪农产品结构多样化发展、提高农产品综合利用率，延长农业产业链、优化供应链、构建利益链，不断推进高坪乡农业供给侧结构性改革、加快农业乡村现代化和乡村振兴。一方面立足生态资源优势，凭借原生态景区和绿色生态农业发展高山旅游和高山蔬菜业，另一方面政府通过协助打通长三角城市市场、扩大生态产品流通范围，吸引了一大批长三角游客群，农家乐应运而生，乡村旅游业蓬勃发展。高坪乡由政府组织牵头，对农家乐进行统一管理，划定农家乐经营标准，对满足标准的农家乐进行按时监督或不定期抽查，对不满足标准的农家乐进行筛查和提升，积极探索绿化生态建设，带领开展房屋、道路整治，扎实完成垃圾分类工作，并整合村内农家乐，成立农家乐协会，坚持"统一宣传营销、统一分配客源、统一服务标准、统一内部管理"的四统一原则，实行农家乐"四统一"接待，目前带动村民打造了农家乐一条街，包食宿的同时开展多样文化活动、导览等乡村旅游服务，开发众多特色产品，打造出集"吃、住、玩、游、购、娱"于一体的农家乐集聚区，形成全域发展、全业融合、全民参与的康养度假旅游模式。建立利益共享机制，以政府、村民、村集体、工商资本四方共同参与的高坪模式为核心，通过引进合作，农家乐在旅游淡季时承接相关推广会、介绍会、报告会或大型事务，整体实现规模化入市，在壮大集体经济的同时增加村民收入，进一步提高村民种植高山蔬菜、发展生态农业的积极性，使得以康养农家乐群为代表的生态产品服务业发展形成闭环，推动持续增值。

如今，高坪乡通过打造康养文化园项目，联合共享农庄先行改造建设了康养试验体验中心。借鉴国内康养项目的先进经验，不断完善软硬件建设，为浙江省健康养老产业的发展打造高坪品牌。高坪乡已建成 AAA 级景区 1 个，农家乐专业村 5 个，农家乐经营户 252 户、床位 4180 余张，① 2022 年，共接待游客 40 多万人次，实现旅游综合收入 5000 余万元，强化了农家乐综合体"一心七区"之一发挥的生态农业景区观光、农事体验、康养度假、会议、节庆等主导功能，实现了现代农业、避暑旅游业、服务业等的有机结合。

3. 生态产品融入市场经济体系，实现生态富民

（1）开展生态产品市场交易。高坪乡建立生态农产品、水产品等生态产品交易市场，鼓励现有商品市场经营生态产品，拓宽生态农产品线上、线下销售渠道。我们通过访谈了解到，2023 年高坪乡闻名的"桃源尖"牌原生态高山蔬菜系列产品通过国家有机食品、绿色食品认证，全乡四季豆、小番茄等果蔬种植面积有 3000 多亩，年销售收入近 2000 万元，果蔬直供上海、杭州、宁波、温州超市及农贸市场，并实现"宅配"，带动近 2000 人增收，实现了生态农产品价值的高效转换。

与此同时，通过创建资源环境市场，清新的空气、洁净的水源和宜人的气候等生态产品的市场化供给成为可能。2012 年，高坪乡利用独特的原生态环境优势，在全国首办"空气"拍卖会上，将高坪乡的茶树坪村、高坪新村和箍桶丘村三个村的自然风光、高山食品和农家乐服务整合后公开拍卖，最终以 174 万元的价格拍出一年的休闲养生服务权。②

（2）培育有市场竞争力的生态产品经营企业。一批有市场竞争力的企业家、创业者等主体加强高坪乡企业与引进企业的合作，推进产业升级，促进生态产业集群发展，加快促进生态农业和生态服务业的有机融合，延长生态产业链。高坪乡转型发展休闲旅游，农家乐"1+N"模式带动强村富民，围绕"避暑休闲胜地建设"的目标，扎实开展原生态农产品培育工作

---

① 《遂昌：乡村"避暑游"带动农户增收》，丽水市人民政府，2023 年 7 月 16 日，https://www.lishui.gov.cn/art/2023/7/16/art_1229218391_57348317.html。

② 《高坪：好空气卖出好价钱》，遂昌新闻网，2019 年 4 月 18 日，https://scnews.zjol.com.cn/scnews/system/2019/04/18/031597301.shtml。

和乡村休闲旅游业，推动全乡经济社会的快速发展。从 2008 年开始，高坪乡依托山高、水清、空气好、温差大等生态优势，通过人居环境改造，因势利导发展农家乐，农旅融合提档升级，成为首批浙江省农家乐特色乡镇。为了让更多游客成为"回头客"，提升游客黏性，高坪乡推出"原地倍增计划"，助力传统农家乐迭代升级。"原地倍增计划"是由遂昌县高坪乡农村集体经济发展有限公司与云上农旅发展（遂昌）有限责任公司及农家乐经营户进行的三方合作，政府连续组织农家乐业主对样板房进行参观学习，同时针对改造意愿强烈但资金不足的业主，引进工商资本实现农家乐转型升级。通过对农家乐室内装潢、床品、卫浴、电器等进行"一户一策"改造，以及后期整体运营，最终达到提升业主收益的目的。

（3）数字赋能推进市场化要素升级。"数字赋能"始终是高坪乡在探索生态产品价值实现机制上走在前列的法宝。高坪乡积极响应丽水市的发展战略，推进生态产业和产品的技术创新，通过数字赋能，将健康农业与电子商务融合创造新机遇。推进生态产业和产品的技术创新，发展高技术生态产业和产品。推进互联网、物联网、大数据、云计算、人工智能等新技术在生态产业中的应用，实现生产设备、工艺流程和生产技术的数字化、智能化。近年来，高坪乡抓住产业数字化、数字产业化赋予后发山区的发展机遇，着力依托最美的生态环境探索高质量发展的新路径。2022 年以来，高坪乡通过打造电子商务综合服务示范站，为有意愿在电商行业发展的村民提供学习机会，鼓励引导村民通过"短视频+直播"技术，把"网络直播、特色农产品、产业基地"结合起来，依托相关网络直播平台的流量优势，借助短视频、直播带货等方式打开了农特产品销路，探索出了农特产品直播带货销售的新模式，有效促进了群众增收，带动全乡产业发展，助推乡村共同富裕，实现了村民物质生活和精神生活需求的双重满足，体现出"绿水青山"已经超越了传统的物质追求，成为高坪乡幸福生活的重要内容。

4."文化+"带动生态产业品牌化，实现持续惠民

（1）"高坪文化+科技"塑造高山农产品品牌。优质的高山果蔬种植环境加上引进的新技术以及文化品牌的塑造，是高质量农产品诞生的关键。高坪乡积极响应品牌战略，深耕猕猴桃、高山蔬菜等特色产业，力促农文旅融合发展，探索出一条规模化、品牌化发展的生态产业振兴路径。一方

面，加强品牌创建、宣传和推广，通过实施山地果树基地品牌化提升，将高坪文化寓于品牌文化中，实现高山果蔬产量、质量"双提升"，打响"高坪猕猴桃""桃源尖高山蔬菜"品牌知名度。高坪乡平风塘家庭农场种植的南瓜、番茄成功入选亚运会果蔬供应名单。另一方面，高坪乡以科技、人才赋能高山农业产业，通过与浙大、市农科院等专业院校和科研院所合作完成数字化蔬菜工厂、智能化科技大棚等技改，走农业产业数字化发展道路，积极引进高科技人才研发培育新品种，推广应用新品种、新技术，引导成立行业协会，实行"合作社+农户+基地+规模化"一体化经营。

（2）"农耕文化+宣传"推广区域旅游品牌。高坪乡加强"避暑休闲，养生胜地"品牌建设，打造区域旅游品牌。立足自身农耕文化特色举办春、夏、秋、冬四季不同主题的节庆活动，举办以"云上农耕"为主题的四季节庆活动：春季以"徒步赏花看梯田"为主题举办万亩杜鹃节，夏季以"石公石母爱情传说"为主题举办浪漫爱情节，秋季以"分享收获喜悦、体验收获乐趣"为主题举办劳逸结合的丰收秋赛会，冬季举办集农货展销与民俗体验于一体的火热年货节。在这期间推出插秧体验、割稻谷比赛等一系列体验活动。充分利用媒体资源宣传生态产品品牌。全力利用短视频等新媒体宣传推广生态产品品牌，拓展线上与线下相融合的品牌宣传渠道。举办各种特色节会活动，宣传推广生态产品品牌等。

为丰富农业观光资源，推广区域农旅品牌，高坪乡还通过招商引资，开发了采摘园、高山乡村花园、小水果基地等旅游体验项目以及自然人文景点，真正让游客留得住、玩得好，让"凉"资源变成优质的"热"产业。发展至今，高坪乡人民政府坚持"绿水青山就是金山银山"的发展理念，以全域旅游为抓手，加强"避暑休闲，养生胜地"品牌建设，大力推进乡村振兴。

5. 打造城乡联动格局，推动生态产业可持续发展

（1）坚持城乡融合发展，畅通城乡要素流动。城乡关系是实现现代化的关键，也是新时代、新征程构建新发展格局，推动高质量发展的必然选择。加快城乡融合是实现中国式现代化的应有之义，同时有利于助推乡村振兴服务于人民、服务于民族。作为浙江山区 26 县之一，遂昌县"靠山吃山"擦亮生态底色，近年来在推动乡村振兴和促进城乡融合方面取得丰硕成果，在"八八战略"指引下，遂昌县坚持城乡融合发展，统筹推进新型城镇化，探索面向未来的城乡融合发展与治理模式构建路径。

　　高坪乡积极响应遂昌县委、县政府提出的"经营山水、统筹城乡，全面建设长三角休闲旅游名城"的发展战略，探索"农旅融合"的发展道路，推进农家屋舍变成度假民宿，闲置边角地变成网红景区，自产山货变成旅游地商品。近几年，高坪乡不断提升高效生态、特色精品的生态农业建设，构建了"农业+旅游"的城乡发展新格局，成功在省内乃至长三角地区形成了一股"高坪旅游热"，以高坪乡为代表的全域发展、全产融合、全民参与的农旅融合体验游模式成为区域乡村旅游发展典范。经过多年努力，高坪乡在长三角地区拥有了一定的市场知名度和美誉度，成为游客夏季避暑首选的旅游目的地，实现了城乡联动发展，构建了城乡融合发展新格局。

　　（2）城乡融合反哺推动高坪乡村发展。近年来，高坪乡开始展露出原本只在大城市才有的"虹吸效应"，一批批创意基因"接力"植入，乡村发展智库日益充实。通过高坪乡人民政府的牵线，杭漂创客变身庄园主开始在高坪打造心中的乡村庄园，投资1000多万元打造高坪聚力蓝莓庄园。如今的聚力蓝莓庄园内，各类果树种植其间，美式乡村民宿坐落其中，清雅幽静，餐宿齐全，更是解决了周边一批村民的就业问题，鼓起了村民的"钱袋子"。为了丰富农业观光资源，高坪乡党委以"乡创"开路，推出"800+"高山花园招商手册，主招农文旅体融合项目，主攻共享经济、分时经济，打造研学、旅居、团建、会议四大精品目的地，成功引进嘉兴碧云花园有限公司在高坪打造以各色杜鹃品种为主题的高山花园，投资2000余万元共建"高山花园"，并以杜鹃为"主角"，依托山体和田园肌理，建设杜鹃岩石园、醉红坡等子项目，营造一个长年可游可赏的人间花境，助推高坪乡加快生态产品价值实现，成为展示"两山"理念的高山小窗口。

三　案例地落实生态产品价值实现机制的现实困境与不足

　　生态环境部发布的2023年上半年全国地表水和环境空气质量状况显示，丽水是全国唯一水和空气环境质量均进入前10名的城市。此前浙江省发布的《2022年丽水市生态环境状况公报》显示，丽水生态环境状况指数连续19年保持全省第一。① 与湖州相比，丽水生态资源更为丰富和优越，这成为

---

① 《2022年丽水市生态环境状况公报》，丽水市人民政府，2023年6月12日，https：//www.lishui.gov.cn/art/2023/6/12/art_1229216407_57347191.html。

其发展过程中最大的底气，然而在生态产品价值转换机制方面，丽水存在生态产品价值实现机制转换不畅、潜能释放不足、绿色发展不充分等短板。面对落实生态产品价值实现机制的现实困境，丽水在绿色发展的过程中需要不断学习，在护好绿水青山的同时将其转换为金山银山。与之相比，湖州多年来忠实践行"绿水青山就是金山银山"理念，逐步探索出了一条生态美、产业兴、百姓富的高质量绿色发展之路，成功入选绿色发展、投资潜力等全国百强县，为率先实现共同富裕打下了坚实基础。其中，湖州市安吉县天荒坪镇余村作为"绿水青山就是金山银山"理念的诞生地，是高质量绿色发展的模板，该村的美丽乡村建设、生态文明建设走在全省乃至全国前列，被评为联合国世界旅游组织最佳旅游乡村、全国文明村、全国美丽宜居示范村、全国乡村治理示范村等。2020年，余村被列为第二批省级未来社区试点创建单位，成为全省唯一一个乡村版未来社区，将被打造成乡村新社区的样板。① 因此，本案例将提炼丽水市遂昌县高坪乡在生态产品价值实现方面的落实困境和面临不足，同时以湖州市安吉县余村的生态产品价值转换经验与之相比，以期为高坪乡绿色发展提供智慧和方案。

（一）生态产品价值实现所需要素匹配不足

生态产品价值实现是一项长期且艰巨的系统工程，离不开人才、资金、生态资源、基础设施等要素的良性互动。余村之所以能够实现更高质量的"两山"转化，与其可持续的项目组织、资金运作、基础措施密不可分。首先，余村内各类项目的组织采用村集体主导，搭建股份公司平台引入社会资本的形式。余村及周边四村共同出资成立了"五子联兴"公司（各占20%股权），引入市场机制，推动重要旅游项目的建设和运营维护。其次，关于资金运作模式，余村"两山"项目的资金一部分来源于国家乡村振兴政策，另一部分主要来源于村集体、企业、农户共筹，综合各要素实现了生态产品价值的良好转化。

而目前，高坪乡乡村地区存在的人、地、产等要素"连接"缺失问题给发展带来了诸多困难。首先，随着经济的发展，高坪乡人口流失造成人

---

① 《人不负青山 青山定不负人——余村十八年》，人民网，2023年8月14日，http://politics.people.com.cn/n1/2023/0814/c1001-40056199.html。

地分离，乡村人口特别是青壮年涌入城市，部分房屋、耕地闲置撂荒，土地资源浪费严重。伴随着人口流失，乡村产业结构调整所需的知识、技术、人才匮乏，导致发展后劲不足。其次，高坪乡由于海拔较高，基础设施和公共服务体系较为薄弱。生产性基础设施等硬件设施不足，加之教育、医疗、养老等方面的服务相对匮乏，无法满足乡村居民美好生活的需要，也加剧了乡村人口老龄化和村镇空心化。

（二）生态产业链偏短，产品价值附加值低

余村之所以能够实现更高质量的"两山"转化，与其较为完整的产业链密不可分。在湖州余村"两山"转化的实践过程中，余村摒弃一般化的文旅路线，紧紧围绕具有本土化特色和比较优势的生态禀赋"竹"，塑造主题鲜明的产业 IP，按照"优化一产、主攻二产、发展三产"的总体思路，延伸产业价值链深度，挖掘可行的经济转化路径，实现六次产业协同推进、全面提升。以市场为导向，科技进步为支撑，布局多元"竹+"经济，拓展竹林产业链，建立可持续的产业发展模式。

而高坪乡受到人才匮乏、基础设施落后、社会资本投入后续乏力的影响，生态产品的经营与开发面临重重困难。在生态产品价值实现过程中，高坪乡面临产业集群化程度不高、生态产业链偏短，以及能够形成的集生产、加工、物流于一体的产业较少等问题。此外，由于农民对生态产品的品牌建设和渠道运营意识不强，大家只满足于卖得出去，至于卖不卖得好、卖不卖得起价则缺乏深层次的思考，生态产品同质化严重，缺乏竞争优势，无法持续实现生态产品的生态溢价。

（三）生态产品交易市场体系尚未完全建立

众所周知，生态产品价值实现离不开市场机制配置资源的决定性作用。就余村而言，余村生态产品交易市场体系逐步完善，村集体、村民和社会组织共同参与村庄发展，共同实施村庄建设。与各类企业开展合作成立了有关农业科技、文化创意、城乡建设、文旅发展等产业的多个公司，搭建产业发展平台。入股分配大致为村集体 20%～30%，社会组织 35%～50%，村民 30%左右。村委制定制度保障并进行监督，公司负责景区日常运作和市场营销，村民入股分红，发展余村农特旅游经济，辐射范围覆盖长三角

地区乃至全国，实现了更高质量、更广泛影响的"两山"转化。[①]

从对比来看，高坪乡尚未完全建立高效统一的生态产品交易市场体系。从参与主体看，在生态产品价值实现过程中，资金主要来源于政府财政支出，村集体、农民、社会企业等主体角色弱化，导致生态产品总体供给能力不强。从市场规模看，由于受到高坪乡区位限制和生态产品地域性影响，现有的生态产品市场交易规模较小，最多局限于长三角经济圈，还没有形成全国性的交易市场，无法完成生态产品价值实现的扩大对接。

四　案例反思

（一）持续推动多元主体协同共建机制，扩大社会有序参与

要建立健全由党政部门、市场主体、社会组织、自治组织和广大群众等组成的开放性多元主体协同共建系统。高坪乡在发展过程中必须克服大包大揽的习惯思维，摒弃以内循环为主的发展体系，要坚持全民共振，强化村民融入机制。丰富创新村民的参与形式。依托美丽乡村、乡村振兴、文明乡村创建等载体让广大村民在实践中实现自我价值，激发村民内生动力。处理好自治、法治与德治三者的关系，推动"三治"融合，尊重群众首创精神，鼓励和支持乡村各类组织共同参与乡村治理，扩大有效参与，发挥整体作用。[②] 运用"互联网+"思维探索"众包模式"，强化村民参与的路径，使之成为广泛动员社会力量、高效进行生态产品价值转化的重要途径。同时高坪乡应鼓励推动经济组织参与机制，以参与生态转化为重要职责，动员组织各种社会力量有序参与生态产品价值实现的过程。

全面整合乡村各种要素资源。高坪乡应全面整合资源，将现有的乡村资源条件用于贯彻落实各项政策，不断提升整合执行能力，有效整合乡村有限的政策、土地、劳动力、产业等要素资源，做大做强乡村集体经济，依靠本土资源、特色生态农业、生态文旅产业的"造血"能力，不断激发乡村内在潜力，推动乡村经济的可持续发展。充分引进各类资源形成集聚

---

① 尹怀斌：《从"余村现象"看"两山"重要思想及其实践》，《自然辩证法研究》2017 年第 7 期。

② 高清佳、尹怀斌：《"两山"理念引领美丽乡村建设的余村经验及其实践方向》，《湖州师范学院学报》2019 年第 3 期。

效应，高坪乡应推广相关项目计划，招引各类人才，同时在贷款贴息、宣传推介上给予支持，双方以可持续的合作实现互利共赢，让更多人才、项目落地高坪乡，打造一种全新合作模式，赋能生态乡村可持续发展。

（二）深入挖掘高坪乡的文化资源，促进产业链升级

在高坪乡的生态产品价值实现机制建构过程中，应该从"两山"理念入手，围绕高坪乡地域文化特色，挖掘文化资源，进行当地文化旅游品牌建设，促进产业链延伸升级。一方面，将"两山"理念与当地农耕文化积淀相结合，展现村民的良好精神面貌，营造人与自然和谐发展的良好村风。另一方面，坚持以"生态+"的理念和思路发展产业，探索生态优先新路子，更好实现生态美、产业兴、百姓富的有机统一；[①] 实施"文化+生态+旅游"的发展方式，着力城乡融合、区域融合发展，进而加强乡村振兴建设，提高村民文化凝聚力，树立乡村文化自信。打造云上高坪 IP，实现产业链升级，扩大高坪乡文化旅游产业的影响力。

乡村文化产业的建设不仅要凸显当地特色，还要力求创新。例如打造颇具影响力的地方文旅品牌，开发文创产品，即依靠创意人的智慧、技能和天赋，借助现代科技手段对文化资源、文化用品进行创造与提升，通过知识产权的开发和运用，产出高附加值的产品。因此，高坪乡应以"绿水青山"以及高坪元素如观光景点、特色美食为核心，以创新设计为关键，讲好高坪故事。基于此充分将文化与产品相结合，做出具有地域性、故事性、独特性的文创产品。

（三）构建特色营销体系，助力产业转型升级

在高坪乡生态产品价值实现过程中，"源头供应、品质保证"是"提振城市消费、助力乡村振兴"的关键，产品基地直供，省去中间环节，确保产品质优价廉。产品全部可溯源，确保品质有保障。发展农产品电子商务，通过"全程、全面、统一、可持续"的全产业链产品质量追溯体系，可产生良好的经济效益和社会效益。因此，通过农业品牌化建设，能够满足日

---

① 朱於：《乡村振兴背景下生态转型助力文旅融合路径研究——以浙江省安吉县余村为例》，《民族艺林》2022 年第 3 期。

益增长的消费需求、优化乡村产业结构，提高农产品的市场竞争力、增加农民收入。

在高坪乡的农家乐、特色民宿，开设多家农产品销售网点；在大型超市设立专区、专柜以及文旅产品专卖店。进一步完善线下营销体系，促进原产地与市场互联互通。对于线上渠道，在"互联网+"助力乡村振兴的背景下，从高坪乡的地方本土文化着手，打造数字化乡村文化品牌。依托现有的品牌资源，从中选取既有别于其他地区又具有影响力的资源，全力打造数字化品牌，进而促进高坪乡的产业结构优化升级。

第四章　云南云龙县通过乡村生态环境治理推进乡村振兴的实践探索

一　案例背景

党的十八大以来，以习近平同志为核心的党中央把脱贫攻坚摆在了治国理政的突出位置，经过八年持续奋斗，2020 年我国现行标准下乡村贫困人口全部实现脱贫、贫困县全部摘帽、区域性整体贫困得到解决。而打赢脱贫攻坚战、全面建成小康社会只是新奋斗的起点，在脱贫摘帽基础上，要进一步巩固拓展脱贫攻坚成果，接续推动脱贫地区发展和乡村全面振兴。2020 年 12 月 16 日，中共中央、国务院颁布的《关于实现巩固拓展脱贫攻坚成果同乡村振兴有效衔接的意见》将脱贫后的 5 年设立为过渡期，要"加快推进脱贫地区乡村产业、人才、文化、生态、组织等全面振兴"，并提出到 2025 年实现"农村基础设施和基本公共服务水平进一步提升，生态环境持续改善，美丽宜居乡村建设扎实推进"等目标任务。[①]

在乡村发展的过程中，生态文明建设始终是一个重要抓手。"绿水青山就是金山银山"的绿色发展理念指出了乡村经济和环境保护协同共生的新路径，"乡村振兴，生态宜居是关键"[②] 的论断则点明了建设美丽乡村与实现乡村全面振兴之间的重要关联。当前，我国正处于实现巩固拓展脱贫攻坚成果同乡村振兴有效衔接的关键时期，而乡村生态环境治理仍是其中的

---

① 《中共中央 国务院关于实现巩固拓展脱贫攻坚成果同乡村振兴有效衔接的意见》，中国政府网，2021 年 3 月 22 日，https：//www. gov. cn/zhengce/2021 - 03/22/content_5594969. htm? ivk_sa = 1024320u。

② 《中共中央 国务院关于实施乡村振兴战略的意见》，中国政府网，2018 年 2 月 4 日，https：//www. gov. cn/zhengce/2018 - 02/04/content_ 5263807. htm? eqid = e476063c0002c526 00000004645c9322。

重要一环。正如习近平总书记在 2023 年全国生态环境保护大会上的讲话中指出的：“生态文明建设仍处于压力叠加、负重前行的关键期。必须以更高站位、更宽视野、更大力度来谋划和推进新征程生态环境保护工作，谱写新时代生态文明建设新篇章。”① 今后 5 年是美丽中国建设的重要时期，而“没有美丽乡村，就没有美丽中国”②。因此，在实现乡村振兴的过程中，我们要持续推进乡村生态环境治理，走出一条绿色发展的乡村生态文明之路，以乡村生态振兴助力乡村全面振兴。

云南省大理白族自治州地处中国西南的滇西高原，是云南西部以白族为主、多个少数民族聚居的白族自治州、农业大州。云龙县位于滇西高原“三江并流”纵谷区腹地，地处横断山南端澜沧江纵谷区，全县总面积约 4400 平方公里，基本地势是东西高，中部低，从北往南逐渐降低。从西到东依次呈南北向排列有崇山山脉、盘山山脉、清水朗山脉，占云龙县总面积的 90%以上。辖 7 乡 4 镇，全县人口共 20.7 万人，其中 18.3 万人为少数民族，户籍人口城镇化率为 27.2%。③ 2022 年，云龙县地区生产总值为 77.24 亿元，其中农业总产值为 40.34 亿元，农村常住居民人均可支配收入为 13728 元。④

长期以来，大理州经济社会发展相对滞后，工业化、城镇化水平较低，传统农业乡村经济占据主导地位。为追求城乡经济社会快速发展，大理州在过去很长一段时间内采用粗放式、掠夺式与不可持续的发展方式，伴随工业化、城镇化快速推进和人口持续增长而来的是对生态环境的显著破坏，农业自然资源数量锐减且质量骤降、自然灾害频发、人居环境恶化、农产品质量安全水平低下等问题不断涌现。针对严峻的生态环境问题，大理州人民政府自 2014 年 1 月起在全州启动“清洁家园、清洁水源、清洁田园”

① 《习近平在全国生态环境保护大会上强调：全面推进美丽中国建设 加快推进人与自然和谐共生的现代化》，中国政府网，2023 年 7 月 18 日，https://www.gov.cn/yaowen/liebiao/202307/content_6892793.htm。
② 《中国要美乡村必须美》，人民网，2015 年 2 月 5 日，https://cpc.people.com.cn/n/2015/0205/c87228-26509956.html。
③ 《云龙县 2022 年统计年鉴》，云龙县人民政府，2023 年 12 月 1 日，http://www.ylx.gov.cn/ylxrmzf/c106971/202312/e562cc068dc24b4bb3b79eab5a032e26.shtml。
④ 《云龙县 2022 年国民经济和社会发展统计公报》，云龙县人民政府，2023 年 4 月 7 日，http://www.ylx.gov.cn/ylxrmzf/c106971/202304/924d794f25bf4a12889eaf8514c54244.shtml。

环境卫生整治工程，广泛动员全州各级、各部门工作人员和广大群众投身环境卫生整治活动中，旨在营造干净卫生、整洁有序、优美文明的城乡人居环境，推进美丽幸福新大理建设。"十三五"时期，大理州以"脱贫攻坚、洱海保护、绿色发展、乡村振兴"四件大事为重点推进经济社会发展，经济总量实现新突破，美丽大理建设扎实推进，脱贫攻坚取得决定性成就，民生福祉持续改善。"十四五"时期，大理州正处于实现高质量转型发展的重大窗口期，同时面临重要发展机遇和严峻挑战。一方面，《区域全面经济伙伴关系协定》（RCEP）正式签署和"大循环、双循环"、"一带一路"、长江经济带、新时代西部大开发等国家重大方针深入实施，为大理州加快发展创造了宝贵条件，且习近平总书记多年来始终关注大理，尤其是洱海的保护工作，多次强调"一定要把洱海保护好"[1]，为大理州的发展指明了方向。另一方面，环境保护和洱海流域转型面临的发展阵痛、发展不平衡不充分问题仍较突出、重点领域关键环节改革任务艰巨、巩固拓展脱贫攻坚成果任务仍然繁重等问题也为大理州转型发展带来了困难和挑战。

云龙县地处大理州西部，曾是全州脱贫攻坚的主战场，如今仍存在县域经济发展不足、产业转型质量不高、基础设施建设薄弱、城乡发展差异较大等问题。在推进高质量发展的社会背景下，良好的生态资源条件是云龙县的一大发展优势。具体而言，云龙县拥有美丽山水的底色，有丰富的生物多样性资源，清洁能源蕴藏量达千万千瓦级，太阳能、风力等资源丰富，具备建设"风光水储一体化"绿色能源基地的良好条件，且高原特色农业、森林碳汇、建材等发展潜力巨大。[2] 然而，长期存在的环境污染问题制约着生态资源优势的发挥。为此，近年来云龙县采取各类生态环境整治措施，持续提高生态环境质量，同时加快经济社会的绿色转型，协同推进经济高质量发展和生态环境高水平保护。

本案例将云南省大理州云龙县作为研究对象，基于田野调查和政策梳理，深入研究云龙县的生态环境治理措施、经验和问题，分析云龙县如何通过乡村生态环境治理巩固拓展脱贫攻坚成果和推进乡村振兴，期

---

① 水利部编写组：《深入学习贯彻习近平关于治水的重要论述》，人民出版社，2023，第19页。
② 《2023年政府工作报告（县十八届人民政府）》，云龙县人民政府，2023年1月27日，http：//www.ylx.gov.cn/ylxrmzf/c102551/202302/b835121b8f994756bba6b822851d8f28.shtml。

望为我国县域发展提供更多以乡村生态振兴助力乡村全面振兴的经验借鉴。

二　案例呈现

（一）云龙县基本情况：边远、山区、贫困、民族"四位一体"

云龙县于 2014 年被列为云南省贫困县和连片特困地区县，是大理州贫困面最大、贫困程度最深的县，是大理州脱贫攻坚的主战场，是典型的边远、山区、贫困、民族"四位一体"的国家级贫困县。首先，云龙县地处大理州最西部，远离中心地区，受州经济中心辐射带动作用较弱。其次，山区面积占全县面积的 98.6%，导致交通不便，落石、滑坡等自然灾害频发，且大部分地区不宜居住，主要聚落被迫呈条带状分布。再次，2020 年，全县仍有 4 个深度贫困乡镇、47 个贫困村，建档立卡贫困人口 12533 户 48342 人，脱贫攻坚任务艰巨；当下也仍面临守住不发生规模性返贫致贫底线、动态清零返贫致贫风险的重要任务。[①] 最后，截至 2022 年末，全县总人口约 21 万人中有白、汉、彝、傈僳、阿昌、回、傣等 24 个民族，8 个世居名族，少数民族人口占 88.1%，白族占总人口数的 72.3%，民族团结进步始终是县政府的重要工作之一。[②]

（二）云龙县生态环境问题与治理措施

1. 统筹推进环境清洁，修复全域生态系统

工业化和城市化的快速发展对大理州的生态环境造成了严重破坏。生态资源的过度开采导致生态平衡被破坏，大量能源消耗带来了严重的环境污染，人口涌入城市则使得城市环境承载能力不足。以污染物排放为例，10 年前大理州城乡污染物排放总量较大，仅洱海流域乡村每年的生产生活垃圾排放量就有 10 万吨以上，生活废污水排放量有 570 万吨，公共环境基础设施建设依然明显滞后，远不能适应生态环境保护、美丽幸福大理建设与

① 《云龙县脱贫攻坚新闻发布词》，云龙县人民政府，2020 年 8 月 14 日，http://www.ylx.gov.cn/ylxrmzf/c102527/202008/d765a0815edd 491dbfe0623bf5f47869. shtml。

② 《人口与民族》，云龙县人民政府，2023 年 11 月 1 日，http://ylx.gov.cn/ylxrmzf/c102590/202010/178504b533f34bdf992d1fa2724 f89a9. shtml。

科学发展、绿色发展的新要求、新形势,尤其在广大乡村及山区半山区,道路交通网络尚欠发达,最基本的固体废物收集清运、无害化处理体系和废污水排放收集管网与无害化处理/回收再利用系统普遍缺位,绝大多数污染物未经任何处理便直接排放,"垃圾围村"、沟渠阻塞、污水横流、杂草丛生、蚊虫飞舞、道路泥泞或尘土飞扬等现象较为突出。① 整体而言,当时大理州的主要环境矛盾是生态环境的整治和生态系统的修复。

以县市城乡为对象,对全县公共区域的生产生活垃圾和废弃物,影响市容村貌及生产生活秩序的占道摊点、乱搭乱建等进行全面清理整治;对各乡镇辖区的畜禽粪便、生活垃圾、建筑垃圾等进行全面清理清运;对重要交通干线周边的生产生活垃圾进行全面清理;对以洱海为重点的湖泊水面、滩涂地和入湖河道的各种污染物进行彻底清理;对居民小区和单位驻地的室内户外进行彻底清扫;对各类生产经营单位实行"门前三包"责任制,加强卫生保洁。

第一,政府高位推进全域环境整治。云龙县成立了由县环境卫生整治工作领导组专职副组长任组长,县文明办主任、县委督查室主任为副组长的"三清洁"专项督导组,在空间布局上实施系统的全域整治。一是推行"两种模式"拉动。按照坝区、山区两种模式,普遍建设城乡垃圾中转站、填埋场、垃圾池、焚烧池、垃圾箱、垃圾车等保洁设施,部分村组配有保洁员、卫生监督员,做到全面覆盖、不留死角。二是建立"上下贯通、协调配合"的机制联动体系。在坝区,建立"户清扫、组保洁、村收集、乡(镇)清运、县(市)处理"五级联动的乡村垃圾处理工作机制;在山区,通过生活垃圾初分、减量、就地焚烧、还田、填埋等多种方式做好垃圾处理。

第二,成立常设机构,垂直落实治理责任。大理州成立"三清洁"工作办公室(简称"三清洁"办),负责宣传、协调和督促检查等工作,统筹推进全州环境卫生整治活动;云龙县成立"三清洁"环境卫生整治活动领导小组,召开全县"三清洁"环境卫生整治动员会、推进会;各乡镇村也成立相应领导小组和办公室。同时,云龙县每个县级领导挂钩一个乡镇、

---

① 杨曙辉、宋天庆、欧阳作富等:《基于大理州农村生态环境安全的战略思考》,《中国人口·资源与环境》2013年第S1期。

每个县级部门挂钩 1~2 个村帮助开展工作。在责任落实方面，县与乡镇、乡镇与村层层签订责任书，村组与各农户签订"门前三包"管理责任书，县"三清洁"办建立常态化的督查考核机制，对交通示范带一月一检查、对示范村半年检查并进行年终考核验收、对重要节日开展集中整治活动并每年督促检查 6 次，从而形成层层落实治理责任的工作格局。

第三，细化工作任务，形成长效整治机制。一是构建协调机制。州、县、乡（镇）和各部门成立以主要领导任组长的领导机构和工作机构，形成一级抓一级、层层抓落实的工作格局，形成条块互动、上下联动的工作合力。二是完善管护机制。推行"门前三包或四包、五包"责任制，把"三清洁"写入村规民约，实行镇村干部包村联户责任制，形成群众定期清扫、创优评先等日常机制。三是将"三清洁"工作全方位细化分解到各个乡镇、村委会和村民小组。建立和完善以入湖河道、沟渠、村庄及道路环境、村庄规划建设等为管理内容，州领导为河长、流域乡镇领导为段长、村（居）委会负责人为片长、项目专管员为直接责任人、挂钩部门为协管单位的五级网格化责任体系，形成"横向到边、纵向到底"的工作机制。

第四，全民动员开展集中整治。云龙县建立集中公益劳动制度，在节假日和汛期等重要时间节点组织发动单位全体干部职工到挂钩点开展环境卫生整治活动，各乡镇和村委会因地制宜确定每月公益劳动日，将"三清洁"内容纳入村规民约，贯穿于党的群众路线教育实践活动和主要领导上党课活动中，同时充分引导社会各界积极参与，发挥人民群众主体作用，将环境保护意识深入当地干部和村民的生产和生活方式中。

综上，为修复因掠夺式经济发展而遭到严重破坏的生态环境，大理州政府开展"三清洁"环境卫生整治工程，云龙县积极响应并因地制宜推进环境整治工作的全面深入开展，逐渐形成了由政府主导，发挥政府整合作用，并充分发动农民群众广泛参与的生态环境治理方式。经过多年治理，一批环境卫生的突出问题得到解决，田园远离"白色污染"，乡村生活垃圾和污水处理体系形成，人居环境得到显著改善。

2. 构建自然保护地体系，系统保护生物多样性

云南省是我国生物多样性最丰富的省份，而大理州云龙县地处滇西高原横断山纵向岭谷区域，因其得天独厚的区位条件和复杂多样的地理环境孕育了丰富的生物资源。具体而言，云龙县拥有富饶的森林资源，全县森

林覆盖率达 70.74%，境内山峦连绵，地势险峻，峡谷纵横，最高海拔 3663 米，最低海拔 730 米，随海拔升高依次形成从热带到温带的不同山地气候类型。因而，云龙县是滇西地区生物富集区和重要的生态屏障，是云南省最优质的云南松种资源库和大理州林草资源第一大县，也是滇金丝猴最南端的家园和西黑冠长臂猿最北端的分布区，还分布有黑颈长尾雉、白尾海雕、亚洲黑熊、赤鹿、红豆杉、云南榧树、水青树、十齿花、领春木等数十种珍稀濒危野生动植物资源。近年来，全球生物多样性保护面临挑战，气候变化、污染、生物资源利用等因素导致生物多样性受到严重威胁，而生物多样性的丧失则意味着人类经济社会供应链的基础会出现问题，这将直接影响到人类自身的安危。因此，作为生物多样性热点交汇区域，云龙县采取各类综合性措施，积极谋划和实施生物多样性保护重大工程。

为加强生物多样性保护，云龙县近年来聚焦"大理州生物多样性保护重点区"建设目标定位，建立起以国家级自然保护区、国家级森林公园、国有林场等为主的自然保护地体系，通过就地保护、迁地保护、建立基因库、构建法律体系等多种方式开展系统保护，为云龙县生态、经济和社会的可持续发展提供强有力的支撑和保障。2022 年，云龙县拥有自然保护地面积 81.6 万亩，编制《云龙县生物多样性保护规划》《云南云龙天池国家级自然保护区总体规划》《云南云龙国家级森林公园总体规划》，开展生物多样性资源调查行动、"森林云龙"建设行动、珍稀濒危物种和重要栖息地保护行动等生物多样性保护十大行动，滇金丝猴栖息地修复和廊道建设以及云龙天池多重效益森林恢复两个项目在联合国《生物多样性公约》缔约方大会中被评为"生物多样性 100+全球特别推荐案例"，生物多样性保护成效显著。[①] 全县设有云南云龙天池国家级自然保护区和云南云龙国家级森林公园两个国家级自然保护地，建成云龙天池、漕涧林场两个省级生态文明教育基地。以自然保护区为实践基地，云龙县在实践中探索出系列工作法，积极发挥生物多样性保护示范引领作用。

第一，强化党建引领，发挥组织优势。首先，云龙县构建起与党员干部共建共护的工作格局。保护区建设起大浪坝、天池两条党建生态廊道，

---

① 《云龙：为滇金丝猴种下 63 万棵"约会树"》，大理白族自治州人民政府，2022 年 2 月 23 日，https://www.dali.gov.cn/dlrmzf/c101533/202202/971bc0e3d77b49829ccae6c23e624401.shtml。

并将其分为 306 个责任区，县级 65 个机关党支部分别承担区域包保责任。①以主题党日等活动为载体，各党支部积极走进各自责任区，定期开展生物多样性保护巡查、生态文明科普宣传、森林防火巡护等活动。其次，凝聚高质量常态化的志愿服务队伍。云龙县将党员志愿服务作为构建现代生态环境治理体系、推进云龙生态文明建设的重要途径，发挥党的组织优势在各级党组织建立生态环境志愿服务团队，常态化开展巡河护林、环境清洁整治、保护生物多样性、环境保护政策宣传等志愿服务。此外，实行网格化精细治理模式。为切实保护好森林资源，打造适宜珍稀物种生存的栖息地，云龙县广泛动员县、乡、村三级的党员、群众，聘用 2070 余名生态护林员，实施森林资源网格化管理，有效促进全县植被面积加快增长，森林覆盖率由 10 年前的 64.8% 提高到 70.7%。

第二，强化示范创建，创新保护机制。为探索更加有效的生态保护方法，促进生态保护机制的创新，云龙县在天池保护区内建设 3 个"绿水青山就是金山银山"示范区。一是生态旅游示范区。云龙县扶持暑场社区开展自然教育和生态旅游，通过修建垃圾处理中心等改善基础设施，探索生态环保、文化传承、旅游活动和社区繁荣和谐共生的可持续发展模式。二是山水林田湖草生命共同体示范区。对八子地社区生态环境的承载力、适应性等进行监测评价，广泛使用清洁能源以减少对传统能源的依赖，以能源替代项目为切入点探索山水林田湖草沙的一体化保护和系统治理模式。三是人与自然和谐共生示范区。以老贵老母社区为示范点，倡导农户养蜂、种植大棚蔬菜、使用节能灶、参与植树造林，多措并举推动生产生活方式转变，探索生产、生活、生态和谐统一的共生之路。

第三，强化宣传教育，传播生态理念。2023 年，"绿美天池 生态样本——云龙县生物多样性保护展示中心"正式建成和对外开放，随即先后获评"云南省科普示范基地"和"云南省生态文明教育基地"。以该中心为空间载体，云龙县积极开展生态文明建设、天池自然保护区生物多样性保护、民族团结进步示范创建、国防和爱国主义教育等主题活动，通过形式多样的宣传教育活动广泛传播生态文明理念。此外，云龙

---

① 《云龙县打造生态文明建设党建示范带》，云南省人民政府，2021 年 12 月 4 日，https：//www. yn. gov. cn/ztgg/fdbnl/ynxd/202112/t20211204_231134. html。

县也充分利用网络、电视、社区宣传栏等不同传播渠道，切实开展科普教育和环保宣传活动，营造全民共建共治共享的良好氛围，推动生态环保理念深入人心。

综上，为保护境内丰富的生物多样性资源，将建设"生物多样性保护重点区"作为目标，云龙县强化统筹综合施策，以党建为引领组织动员广大党员群众积极参与生物多样性保护行动，以打造绿色发展先行示范区为抓手创新生物多样性保护机制，以宣传教育为重点提高全县人民环境保护意识，经过多年实践和经验总结，生物多样性保护成效显著。

3. 综合整治人居环境，建设生态宜居乡村

党的十八大以来，以习近平同志为核心的党中央提出全面推进农村人居环境整治，并把这一工作作为建设美丽乡村、美丽中国的重要内容。多年来，在大理州人民政府的统筹推进下，云龙县各村组因地制宜开展"清洁家园、清洁水源、清洁田园"环境卫生整治工程，解决了污水横流、垃圾围村、乱搭乱建等一批突出的生态环境问题，乡村环境得到一定改善。然而，部分村组发展基础薄弱，一些地区"脏乱差"问题仍然存在，距离实现生态宜居美丽乡村的建设目标还有较大差距。因此，在巩固拓展脱贫攻坚成果同乡村振兴有效衔接的关键时期，云龙县充分考虑各村组地域环境、自然条件等实际情况，从公路提档升级、电网改造、供水安全保障等方面着力加强乡村公共基础设施建设，从生活垃圾治理、生活污水处理、厕所革命、村容村貌提升等方面入手推进乡村人居环境整治。

永安村地处云龙县城北部，2018 年被认定为云龙县深度贫困村之一，经过多年持续努力，全村所有入村道路基本完成硬化，房屋墙体加固、垃圾池和卫生池、安全饮水、污水处理、户厕改造等项目建设也逐步完善。尽管脱贫攻坚成效显著，但因人多地少、地形复杂、资源匮乏、公共设施滞后等，永安村建设美丽乡村、推进乡村振兴的任务尤为艰巨。在土地资源方面，永安村面积共 35.74 平方公里，其中山地占据 90% 以上，耕地面积共 2418 亩，人均占有耕地面积为 1.10 亩。由于全村绝大部分区域为山地，不宜大面积发展种植业和养殖业，且人均耕地面积少，村民种植农作物以人工灌溉为主，农业集约化、现代化程度较低。在人口方面，永安村户籍人口共 777 户 2320 人，其中 98% 以上为白族，全村下辖 12 个自然村、21

个村民小组。① 由于山地地形限制，村民居住区域较为分散，对乡村治理提出了较高要求。在水源方面，村内主要河流沘江曾因上游铅锌矿开采造成污染，治理多年后流动水质已达标，但底层沉降严重导致水流常年呈红色，一般不用于农业灌溉，主要生产水、活用水为麦子登河，该溪流全年水量相对稳定充裕但覆盖面小，基本只能覆盖两岸周边区域。此外，云龙县是大理州有色金属矿采选集中区、重金属污染重点治理区，永安村存在土壤污染问题，部分地块仍在推进土壤污染治理修复。为进一步提高人民生活水平，打造生态宜居的美丽乡村，永安村在同济大学的定点帮扶下于 2019 年起启动"永安村乡村振兴示范建设"项目，多措并举开展乡村环境综合整治。

第一，聚焦民生难题，完善基础设施建设。着眼于村民日常生活中的方方面面，永安村办好民生实事。一方面是出行问题。永安村被沘江穿行而过，村民分散居住在沘江两侧，过河一直以来是村民的出行难题，沘江东岸超过 150 户村民前往村委会或主干公路时往往选择涉水过河或从山路绕行半小时以上，雨季时则更是无法顺利出行。永安村依托高校智力资源和人才资源启动桥梁建设项目，2020 年 6 月"永济新桥"建成通车，解决了 3 个村组 400 余名村民的出行问题，2021 年 7 月"同安新桥"落成，服务人口超过 250 人，减少村民出行绕行距离 3 公里以上。两座桥梁的建成有效减少了村民涉水过河的安全隐患，提高了村落交通和村内交流的便捷性。另一方面是如厕问题。厕所长期以来是乡村基础设施的短板，永安村制定适宜的厕所类型和粪污后续管理模式，依据经济适用、节能环保等原则新建示范公厕 1 处、示范户厕 10 处，实现了粪污的无害化和资源化处理。同时，永安村也注重改变村民观念，通过村规民约、村民大会等渠道广泛宣传如厕文明，扎实全面推进厕所革命。

第二，优化人居环境，增强群众幸福感。实现脱贫攻坚后，为进一步满足村民的生活需要，永安村开展实用性村庄规划。受限于资金和地形因素，村内大部分路段并未安装路灯，通过驻村书记链接相关资源，2021 年永安村获捐来自企业和高校的 72 盏 6 米高太阳能路灯和 760 盏小型太阳能

① 《【同济 EMBA20 周年｜募捐倡议】筑梦永安村——碎石筑长城，细流积成海！》，MBAChina 网，2022 年 11 月 3 日，https://www.mbachina.com/html/tongji/20221105/502317.html。

壁挂式路灯，灯光覆盖全村所有居住区域，在解决夜晚道路漆黑存在安全隐患问题的同时有效提升了村民幸福感。同时，永安村也将目光聚焦于教育教学环境的提升。以"献爱心+小规模+办实事"为原则，积极对接各类企业和帮扶单位，先后在村内小学搭建悬浮板操场跑道、更换课桌椅、改造学校浴室、新建卫生公厕、增添体育设施和娱乐设施，基于现实情况分批分次进行校园微更新，从而逐步优化教育教学环境，增强师生幸福感。

第三，打造公共空间，激活乡村自治活力。受经济社会发展水平和居住分散的现状所限，永安村居民社区参与程度较低，未能有效构建起社区公共文化。为推进乡村社区共建共治共享，2020年永安村在上村建成全村第一个供村民休闲活动、议事交流的公共空间"永安之心"。该空间采用围院式布局模式，兼具可供村民自主活动的室内会议间和相对开敞的室外广场，同时为契合当地乡土风貌和保护生态环境，建筑以夯土墙为主体材料。该空间的落成不仅填补了村内公共空间的空白，为上村村民提供了一个集聚议事的场所，丰富了人们的精神文化生活，更能够培育村民参与社区治理的意识，增强村民参与社区治理的能力，从而激活乡村社区自治活力。2021年，永安村在下村启动"永安学堂"项目，为永安完小学生和下村村民提供文化和党建活动、日常休闲娱乐等多功能的场所，进一步完善了村落公共空间建设，形成了上下联动的整体效应。

综上，为综合整治乡村人居环境，云龙县永安村一方面聚焦物质基础，克服自身技术有限、资金短缺等不利因素，依托高校智力资源高质量建设桥梁、公厕等基础设施，解决突出的民生问题，依托企业资金资源和企业社会责任需要优化村落生活和教育教学环境，增强村民幸福感、满足感；另一方面关注精神生活，从打造社区公共空间入手提升村民的社区参与度，促进乡村自治体系的逐步形成。

三 案例地以生态振兴助推乡村全面振兴的实现机制

乡村振兴是包括产业振兴、人才振兴、文化振兴、生态振兴和组织振兴在内的全面振兴。其中，生态振兴是乡村振兴的环境基础和有力抓手，为乡村振兴厚植发展潜力和内生动力。以组织的执行力和推动力为引领，生态环境的治理过程和美丽宜居的乡村风貌能为农村产业发展提供经济增长点，驱动产业的优化升级，为乡村人才的成长提供良好环境，带动人才在乡村发展中积极发挥主动性、创造性，夯实乡村文化的根基，激活乡土文化的保护与传承意识，从而实现产业兴旺、生态宜居、乡风文明、治理有效、生活富裕的乡村振兴总要求。

以生态振兴助推乡村全面振兴的实现机制如图 4-1 所示。

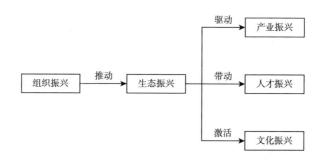

图 4-1　以生态振兴助推乡村全面振兴的实现机制

（一）组织振兴推动生态振兴

组织振兴是乡村振兴的制度保障。乡村振兴是在党和政府领导下以人民为中心的发展思想的新实践探索，而乡村基层组织更是实施乡村振兴战略的重要根基。加强党和政府对乡村生态环境治理的领导，推动各部门之间的协调合作，建立起有效的组织体系，形成多元化治理格局是实现生态振兴的关键。在云龙县的生态环境治理实践中，党的组织力和引领力进一步转化为集体行动的凝聚力，带动全县人民集中力量共同开展环境治理，形成坚强的战斗堡垒，而生态环境治理能力和监管能力的有效提升也为基层组织的进一步加强创造了有利条件。

1. 发挥党组织凝聚力战斗力

云龙县在生态环境治理实践中坚持以党建为引领，充分发挥党的组织优势。在"三清洁"工程中，云龙县将环境卫生整治工作贯穿于党的群众路线教育实践活动和主要领导上党课活动中，动员广大党员干部带头示范；在天池自然保护区，全县各机关党支部承担起区域包保责任，建立生态环境志愿服务团队常态化保护生物多样性；在诺邓镇天池村，党员、村民自觉组成"义务保洁员"团体，负责全村"三包"以外村内道路、公共场所、沟边田头的义务保洁工作。

党的组织优势能够转化为生态振兴的凝聚力和战斗力。一方面，以主题党日、党员奉献日等活动为载体，机关党支部定期在责任区开展环境整治、生物多样性保护等志愿服务活动，能在实践中加强组织建设，夯实党的执政基础，形成强大的凝聚力有效推进生态文明建设，保护云龙县生态资源和生态环境。另一方面，党员干部在生态环境治理实践中带头真抓实干能够有效起到表率作用，让广大人民群众深切感知到党对生态文明建设的高度重视和贯彻绿色发展理念的坚定决心，而党员在乡村环境治理中的积极参与则更能感染带动身边其他村民，逐渐营造全民自觉保护环境的良好氛围，形成生态文明建设的强大战斗力，同时也为乡村自治能力的提升和自治组织的形成打下坚实基础。

2. 政府部门强化责任担当

习近平总书记强调："在落实生态文明建设方面，各地区各部门要坚决落实党中央进行的统一决策部署，层层严格落实，务必担负起建设生态文明重任。"① 在大理州开展全域"三清洁"环境卫生整治工程中，相关政府部门自觉树立生态文明执政理念，因地制宜链接多元主体、带领广大群众深入落实环境整治行动，营造干净卫生的城乡环境。各级政府承担建设重任，一方面是构建了上下联动的工作体系，州、县、乡镇均成立专门领导小组和办公室，大理州与云龙县、云龙县与下辖乡镇、乡镇与村依次建立密切联系，制定常态化考核机制，定期开展成果验收、督促检查等工作，形成了层层落实责任的工作格局，促进了环境整治工作有效落实、纵向到底。另一方面则是形成了责任到人的工作机制，"河长、段长、片长、直接责任人、协管单位"的五级网格化责任体系将工作任务合理细化，使环境整治工作不留死角、横向到边。

从这一全州重点环境整治工程的项目制治理过程中可以看出，政府在生态环境治理中同时扮演着多重角色。作为环境治理的直接参与者，政府发挥示范引领作用率先采取各类治理措施；作为政策和资源的提供者，政府制定科学合理的生态环境政策，提供资金、技术、信息等资源支持；作为多元主体参与的组织者，政府积极引导和组织高校、企业、社会组织和个

---

① 习近平：《推动我国生态文明建设迈上新台阶》，《奋斗》2019年第3期。

人协同合作；此外，同时作为监督者与被监督者，生态文明建设成效是重要的政绩考核指标，政府既要确保各项措施的有效执行和落实，也要接受社会各界的监督。多重身份的叠加要求各级政府加强组织建设、全面履行职责，发挥协调能力、整合能力、动员能力，强化责任担当，推进生态振兴。

3. 基层组织提升工作成效

乡村基层组织包括村党组织、村委会、村民自治组织等，涵盖了党在乡村的全部工作，是落实乡村振兴工作的战斗堡垒。健全现代乡村生态环境治理体系要加强乡村基层组织建设、促进村民自治实践。从以解决环境污染和修复生态系统为目标的环境清洁工程，到以打造生态宜居美丽乡村为目标的人居环境整治，云龙县乡村基层组织积极贯彻落实乡村振兴战略部署，不断增强工作能力，为生态文明建设提供强大推动力。

以云龙县诺邓镇永安村为例，首先，加强基层党组织建设。以建设"美丽云龙、幸福永安"为工作理念，永安村驻村第一书记和村党总支书记协力抓党建，结合生态环境治理组织实施村基层一级党组织战斗堡垒和村党支部、党小组战斗堡垒的"两个堡垒"建设项目，建立健全科学有效的体制机制，引导党员干部带头推进生态振兴。其次，整合发展资源。乡村基层组织一方面整合信息资源，了解政府的政策方向，掌握社会经济发展动向，把信息资源转化为乡村产业发展优势，另一方面通过污染治理修复土壤、水源等资源，通过综合施策保护森林、生物等资源，通过创新思路发掘可价值化的生态资源，从而统筹规划推进乡村生态系统修复、乡村人居环境整治、绿色产业发展等实践。最后，促进乡村自治。以乡村环境综合整治为具体事务，永安村抓好村"两委"干部、村民党员、村民小组长、群众代表、村内文体活动队等群体，引导广大村民参与乡村生态环境治理，唤醒村民参与社区治理的主体意识，促进乡村自治水平的提升。

（二）生态振兴驱动产业振兴

产业振兴是乡村振兴的经济根本。为实现产业兴旺的目标，需要立足新发展阶段、贯彻新发展理念、构建新发展格局，从实际出发因地制宜发展乡村本土特色产业，充分发掘独特生态优势并以此为产业发展的重要驱动力量。云龙县努力克服不利自然条件，改善自然环境，立足自身生态资源禀赋积极发展绿色生态农业，同时强化对农产品的初加工，延伸拓展农业产业链，推动第二、第三产业的发展，加快三次产业融合的进程。除此之外，依托本地独特文化底蕴和乡土风貌发展生态旅游业，推动文旅产业高质量发展。

1. 坚持发展绿色农业

长期受地形、区位、环境污染等条件限制，云龙县经济发展水平相对较低。以诺邓镇永安村为例，绝大多数村民主要从事种植业和养殖业。为带动农民增收实现共富，云龙县积极探索可行的绿色农业发展道路，永安村以生态振兴驱动绿色农业振兴，形成了自身经验，通过生态种植、养殖两手抓，村民经济收入得到了显著提升。

一方面是因地制宜扬长避短，种植高附加值农作物。原先村民普遍种植苞谷、水稻等农作物，这些作物对自然条件要求不高，能满足农户旱涝保收、解决温饱问题的要求，但经济价值较低。为实现乡村振兴生活富裕的目标，永安村引入先进种植理念，因地制宜引导农户开展工业辣椒等高附加值作物种植。云龙县以山地地形为主，耕地分散且多处地块存在污染，而全年气候温和雨水充足，正适合种植喜温喜湿且对土壤要求不高的工业辣椒。农户经过村两委的引导宣传纷纷认种，在满足基本粮食需求的前提下用闲置耕地种植工业辣椒，再由村集体统一收购销售，2023年实现了村民增收超过100万元。

另一方面是开展集约化绿色养殖。针对村内项目用地少的情况，永安村创新工作思路，科学规划建造村集体林下土鸡养殖场，引导村民规范化养殖，大力发展本地土鸡集约化养殖培育。在选址上，永安村注重养殖场的原生态地理环境，包括阶梯状的核桃林地、终年流动的溪水和充足温暖的光照等；在培育上，选育本地乌骨鸡，投喂玉米、蔬菜等原生态饲料，并保证散养时间超过两百天，让生态优势真正转化为产业优势。永安村已建成两期集体养殖场，形成全村规模化养殖，顺利投产运行近一年来实现营收25万元，增加村集体经济收益10万元。①

2. 坚持产业融合发展

为解决农业产业附加值相对过低的问题，延伸农业产业链和价值链，

---

① 《十年帮扶山海情 同舟共济谱新篇》，搜狐网，2024年3月29日，https：//www.sohu.com/a/767869787_121106902？qq-pf-to=pcqq.c2c。

云龙县结合县情实际打造三次产业融合、链条式发展的现代化生态农业体系，按照"一产上水平、二产提质效、三产扩规模"的思路扩大乡村生态产业规模，推进产业振兴。

一是以乡村绿色农业为根本。尽管受到地形、水源等生态资源限制，但利用"能养能种""原生态"等相对于城市的生态环境优势，云龙县致力于建成集体养殖场，打造原生态环境蓄养本地土鸡，形成规模化养殖，培育壮大具有本土特色的高原生态农业。

二是发展农产品加工业提高农业附加值。云龙县以"公司+基地+合作经济组织+农户+工厂+市场"的模式建设农产品加工企业，以本地土鸡为原料生产预制菜品。公司生产车间加工全流程透明公开，严格把关产品质量，保障产品零添加和原生态。通过强化对农产品的初加工、精深加工，云龙县有效增加本地土鸡、农产品的附加值，延长农产品的产业链。同时，通过提供固定和临时的工作岗位，也起到带动部分村民就业的作用。

三是根据市场逻辑发展第三产业，带动第一、第二产业发展。为助力县域农产品的生产、加工、销售，云龙县建设助农商贸企业，既收购厂家已包装的产品并帮助其录找销售渠道，也直接收购农户的农产品并在包装后出售。通过发掘当地特色农产品，同时为农户、合作社的现有产品寻找销售渠道，云龙县以该企业为抓手逐渐串联起全县甚至周边县城的农业产业，在销售端依据市场逻辑运营，以市场的眼光决定生产，从而带动第一产业和第二产业发展，打造联农带农新格局。

3. 利用生态优势发展文旅产业

乡村具备良好的生态资源优势，为打造生态宜居的乡村文旅产业提供了条件。通过清洁和治理乡村生态环境，加大对乡村道路、垃圾处理、饮水安全、厕所卫生、网络设施等基础设施的投入力度，云龙县首先构建良好生态环境，夯实乡村休闲旅游的硬件基础，提升乡村环境质量，为乡村文旅产业的可持续发展提供坚实支撑。同时，良好的生态环境也是乡村文化的重要组成部分，可以为云龙乡村文旅产业注入更多的文化内涵和特色。

诺邓古村位于云龙县城西北约7公里的山谷，核心景观面积为1.2平方公里，村子依山就势而建，一座座白族院落布满山坡。根据云南省和大理州的"一村一品"乡村发展部署，云龙县抓住诺邓古村曾是"盐都"的历史底蕴，推出代表性产品诺邓火腿，围绕盐文化抓产业、促文旅，形成具有本土文化特色的发展优势，打造集饮食、居住、娱乐于一体的乡村生态旅游模式，为诺邓古村群众脱贫致富和产业兴旺增添了强劲动力。

在根据乡土风情、地理风貌等生态优势发展乡村旅游业的同时，云龙县也注重古村落的保护和修缮，坚持产业发展与保护并重的原则。乡村发展文旅产业的最大优势在于良好生态和人文环境，为实现产业可持续发展和历史文化保护，云龙县高度重视对古村落的保护，避免过度商业化和破坏性开发，通过科学规划和合理管控，实现生态效益、经济效益和社会效益的共赢。

（三）生态振兴带动人才振兴

人才振兴是乡村振兴的动力源泉。乡村振兴关键在人，既需要农业生产经营人才和产业发展人才，又需要乡村治理人才和公共服务人才。随着城镇化进程的推进，大量乡村青壮年流入城市，人才缺失已成为制约乡村发展的突出问题。云龙县坚定不移走"生产发展、生活富裕、生态良好"的"三生"协同发展道路，把生态环境治理作为基础，整治环境污染、健全基础设施，不断提升乡村人居环境和教育教学环境，以生态振兴带动人才振兴，既注重留住眼前和未来的人才，又强调通过理论学习和真抓实干增强人才本领，培养一批热爱乡村、了解乡村、扎根乡村的人才。

1. 用好乡村本土人才

本土人才生于斯长于斯，熟悉当地的自然条件和风俗习惯，在乡村本土的生产经营方面有天然优势，且在乡村建设过程中更具积极性和主动性。因此，要着力用好乡村本土人才。

第一，打造良好人居环境。习近平总书记指出："环境好，则人才聚、事业兴；环境不好，则人才散、事业衰。"① 城市吸引人才和乡村留住人才的关键是为人才创造一个良好的生活环境。近年来，云龙县整治乡村生活污水和垃圾治理等突出环境问题，解决道路出行等民生问题，扎实推进"厕所革命"，完善乡村基础设施，积极打造生态宜居的美丽乡村，同时大力发展生态产业，寻找经济增长突破点，有效破解了乡村生态环境和生活环境导致的人才流失问题，让越来越多本土人才愿意留在乡村工作、生活。

---

① 习近平：《在欧美同学会成立 100 周年庆祝大会上的讲话》，《人民日报》2013 年 10 月 22 日。

第二，提升农民综合素养。建设一支高质量乡村人才队伍同样可以通过提升本地农民能力来实现。以村民大会、广播、宣传栏等为载体，云龙县开展了讲座、视频慕课等形式多样的培训教育活动，例如联合企业开展集体培训推广种植工业辣椒、通过播放警示教育短视频让村民直观了解生态环保的重要性，不断提升村民种植养殖能力，引导村民了解最新政策动向，教育村民注重安全绿色生产，从而培养具有较强本领和综合素养的新农民。

第三，发掘乡村自治力量。云龙县开展乡村生态环境治理时，一大批群众积极投身其中，他们有的是环境整治行动中的义务保洁员，有的是自然保护区的生态护林员，有的则是基础设施建设改造的主动参与者。基于在生态环境治理过程中对这部分积极行动者的发掘，为他们搭建发声和施展才干的平台，鼓励他们更深入地参与乡村治理，能帮助乡村储备有热情、有能力的本土自治人才。

2. 着眼教育培养人才

教育是培养人才的根本，也是推进乡村振兴的重点环节。为实现乡村的可持续健康发展，需要发展符合实际的乡村基础教育，而教育教学环境质量提升和基础设施建设则是提高教学质量、振兴乡村教育的基础。

首先，教育教学环境质量提升有利于集聚优秀师生。云龙县积极改造中小学校园环境，满足群众对于良好教学环境的需求。例如，云龙一中原校园受用地限制无法扩建，不能满足县内学生在普通高中就学的需求，后经县委、县政府筹资募资于2023年实现了整体搬迁，新校区面积为210.33亩，拥有多栋具备现代化教学设备的教学楼和功能楼。崭新的校园和美丽的环境让更多教师和学生愿意留在本地，有效避免了优质教师资源和生源的流失，为云龙县提升基础教育质量和培养人才打下了必要基础。

其次，教学基础设施完善提升有利于更好地培养学生。基础设施是教学活动的物质基础，基础设施的完善可以促进实践教学的开展和人才的个性化发展。通过链接高校、企业资源，云龙县克服资金难题，为中小学配备现代智能的教学设备、增添丰富的图书资源，为学生提供更好的学习环境、更丰富的学习内容和更多元的实践机会，全面提升学生各方面综合素质，促进教学质量和学习效果提升。

最后，对教育教学的关注也有助于凝聚更有力的劳动者队伍。关注教育长远来看能培养有助于未来社会发展的人才，而短期来看则能直接缓解学生家长的负担和焦虑。许多生活和工作在云龙县的家庭倾向于将孩子送到大理州去学习以获得更好的教育资源，这一方面增加了家庭的经济负担，另一方面会造成节假日县城空城的情况。在此背景下，县城教育质量的提升能够改变许多人的这一举措，让家庭能够放心把孩子留在县城接受教育，在缓解家庭经济压力的同时让劳动者更安心地在云龙县工作，也能在一定程度上促进县域经济发展。

（四）生态振兴激活文化振兴

文化振兴是乡村振兴的精神引领。习近平总书记在庆祝中国共产党成立 100 周年大会上提出要 "把马克思主义基本原理同中国具体实际相结合、同中华优秀传统文化相结合"①，"两个结合"强调了文化振兴是乡村全面振兴的现实需要和内在力量。云龙县以生态振兴激活乡村文化振兴，一方面着力宣传生态文明理念，以公共文化空间等为载体宣传绿色文明乡风，开展文化活动丰富村民精神生活、激活村民乡村振兴的主体意识，切实提升乡村社会的文明程度；另一方面在乡村生态环境治理中以修旧如旧理念为根本遵循，重视保护传承乡村优秀传统文化和良好风貌，促进乡村传统文化与现代文明的有机结合。

1. 生态宜居与乡风文明相统一

云龙县在生态环境治理中着力宣传生态文明理念，营造良好生态文化氛围，通过完善乡村人居环境深入保护传承乡村优秀传统文化，焕发乡风文明新气象。

首先，切实发挥基础设施的文化表达功能。在开展乡村基础设施建设时，云龙县永安村打造供村民议事交流和休闲活动的公共空间 "永安之心""永安学堂"。乡村公共文化空间为永安村村民提供了共同的文化活动场所，通过举办各类文化活动交流思想，形成具有当地乡土特色的文化氛围，为乡村文化的传承和发展提供动力。乡村公共文化空间也是展示云龙县特色

---

① 《习近平在庆祝中国共产党成立 100 周年大会上的讲话》，中国政府网，2021 年 7 月 1 日，https：//www.gov.cn/xinwen/2021－07/01/content_5621847.htm? eqid = babd711f000102600 0000002648a8fd7。

文化和乡村建设成果的重要平台。"永安之心"内展有永安村自脱贫攻坚以来的重大举措和工作成果，既让村民们能够直接感知乡村的环境提升和发展巨变，也为研学团队和游客提供了直观了解乡村文化的机会。

其次，创新乡风文明的宣传形式。除了通过乡村文化长廊、文化展板、村广播站等媒介进行文化宣传，云龙县永安村特地编制新版村规民约，以直白朴素、朗朗上口的七字歌大力宣传和广泛传播乡村文化，通过"房前屋后打扫好，大家环境大家搞。养成卫生好习惯，见到垃圾就弯腰""邻里吵架像堵墙，让他三尺又何妨。封建迷信不要理，崇尚科学讲正气"等通俗易懂的语言引导村民树立正确的价值观，培养良好的家风村风，提升乡村社会的文明程度。

最后，激活村民乡村主人翁意识。只有当村民真正意识到自己是乡村发展的主体，才会更积极地参与到乡村治理之中。在过去的生态环境治理过程中，云龙县动员全民共同参与环境卫生集中整治、参与植树造林保护森林资源，改变"干部在干、群众在看"的状况，充分调动村民的参与积极性。在深入实施乡村振兴过程中，通过召开村民大会等方式，云龙县邀请村民积极表达想法和参与乡村建设，进一步发挥村民的主体意识、发展意识，真正实现从"要我振兴"向"我要振兴"的转变，共同推动乡村自治文化的繁荣和发展。

2. 乡土文化与现代文明相融合

实现文化振兴，更需要传承保护当地特色古村落、古建筑，挖掘本地特色乡村文化风俗价值，在发展中注重保护，在保护中实现发展。

以诺邓古村为主要点位发展生态文旅产业的同时，云龙县不断完善保护发展体系。一方面，云龙县自 2006 年以来先后编制《云南省云龙县诺邓国家级历史文化名村保护详细规划》《诺邓特色小镇建设规划》《诺邓旅游发展规划》等文件，以政策文件为依据保障诺邓古村的保护、规划和建设。另一方面，按照"保护为主、抢救第一、合理利用、加强管理"的原则，云龙县抢救性修缮古旧建筑，将具有较高历史文化价值的公共建筑和民居院落列入文保单位，最大限度维护古村文化的原真性和完整性。

在治理生态环境、完善基础设施的过程中，云龙县也始终以绿色生态为根本理念。永安村修建的"永安之心"以夯土墙为建筑主体材料，整体设计契合村落原有风格；天池生物多样性保护展示中心修建时采用环保油漆涂刷外墙，保留原有样貌适当修整；近年来新修建的路灯也全部采用太阳能发电，在节约能源的同时降低成本。通过修旧如旧和节能减排的实践，云龙县积极促进人与自然的和谐共生，这种绿色生态的发展理念不仅为县域可持续发展奠定了坚实的基础，更实现了乡土文化保护与现代文明发展的有机融合。

四 案例经验与思考

（一）经验启示

近年来，云龙县围绕"绿色能源基地、脱贫成果巩固拓展、生物多样性保护"三大重点抓发展、护生态、促振兴、推改革、惠民生，基础设施大幅改善，生态保护成效显著，产业发展势头强劲，乡村振兴稳步推进。将乡村生态环境治理作为着力点，云龙县协同推进经济高质量发展和生态环境高水平保护，积累了绿色主导乡村建设的宝贵经验，为县域发展提供了以乡村生态振兴助力乡村全面振兴的经验样本。

1. 推进乡村振兴要以生态环境治理为基础

生态环境治理是乡村振兴的基石，没有良好的生态环境基础，乡村振兴便如无源之水、无本之木。云龙县在乡村振兴实践中始终把生态环境保护放在重要位置，通过环境卫生整治、水土保持、森林保护、清洁能源推广等多种措施有效改善了乡村生态环境，为乡村经济社会发展提供了有力支撑。具体而言，第一，普及生态环保意识，推行绿色生产方式。通过全面开展"三清洁"全域环境卫生整治工程、培育乡村生态环境治理志愿者队伍，使村民真正成为治理乡村生态环境的主要参与者，激活村民的主体意识，通过鼓励和支持村民采用绿色生产方式，开展群众喜闻乐见、通俗易懂的科普教育和环保宣传活动，不断提高群众的环保意识和生态观念，走种养结合的绿色发展之路。第二，加强环保设施建设，推广先进农业科技。垃圾处理、污水处理、公共厕所等设施与村民生活息息相关，投资建设和完善环保设施，确保废弃物得到妥善处理，是乡村生产生活井然有序的前提，而进一步引进和推广先进的农业科技，如节水灌溉技术、精准施肥技术等，能有效提高农业生产效率，减少对环境的负面影响。第三，构建绿色政策体系，打造亮丽生态名片。云龙县全面推行"河湖长制""林长制"组织体系，完善细化责任主体，编制生物多样性保护总体规划，为环境保护提供政策依据和法律保障，围绕建设"生物多样性保护重点区"，厚植生态优势设立国家级森林公园、生态文明教育基地，打造生态文明建设的亮丽名片。

2. 推进乡村振兴要充分发挥组织的引领力

作为经济社会发展相对落后的地区，由于市场化水平所限，云龙县公民社会发育程度较低，各类社会组织和自治力量不发达，党委政府需要承担更多的公共事务责任，基层党组织是乡村振兴的主导力量。充分发挥组织的引领力，以组织振兴推动全面振兴，是一条乡村可持续发展的可行道路。第一，组织引领能够提升效率。在乡村振兴中，各级政府既是资源、政策的提供者，也是乡村建设的组织者，还是工作落实的监督者，多重角色合并的职能定位能够发挥其动员能力强、执行效率高的优势，自上而下高效推动政策落地实施。第二，组织引领能够整合资源。尤其对于基层党组织而言，作为乡村振兴的坚强战斗堡垒，通过党建引领能够聚集政策、信息等各项优势资源，通过集体种植、集中养殖等方式形成规模效应，提高农业劳动生产率，促进乡村产业兴旺。第三，组织引领能够凝聚力量。组织发挥领导核心作用，对外链接高校、企业、个人等多元主体，协调各方利益关系形成合力，能够促进乡村社会的稳定和发展，同时，发挥组织的号召力对内带领村民发展优势产业，凝聚本土人才队伍，激活乡村基层活力，为乡村经济发展创造新的增长点。

3. 推进乡村振兴要注重"五大振兴"的辩证统一

习近平总书记为乡村振兴战略指明了五个具体路径，即乡村产业振兴、人才振兴、文化振兴、生态振兴、组织振兴，"五大振兴"涵盖经济、政治、文化、社会、生态文明等方方面面，是一个相辅相成、不可分割的有机整体。各地区在发展时应从实际出发因地制宜，两点论和重点论相统一，既要全面把握"五大振兴"，也要抓住重点，探索一条适合本地区发展的乡村全面振兴道路。首先，云龙县将组织振兴作为一切工作的保障，发挥组织的引领力为乡村振兴提供坚强的领导力量。其次，将生态振兴作为工作重点，通过环境整治构建良好的生态环境基础，通过综合施策打造生态宜居的美丽乡村，坚定不移走绿色发展道路。最后，以生态振兴助推产业、人才、文化振兴，进而推动乡村全面振兴。一是充分发挥生态资源优势打造绿色生态产业，推进乡村绿色农业、生态旅游业可持续发展，带动群众增收致富，驱动乡村产业振兴；二是以优良的生态环境吸引优质人才，以生态环境治理实践增强人才本领，为乡村发展提供当下和未来的智力支持，引领乡村人才振兴；三是建设和谐文明乡风，营造绿色生态的文化氛围，保护乡村传统文化，促进生态宜居与乡风文明、乡土文化和现代文明的有机结合，激活乡村文化振兴。

（二）案例思考

在深入推进实施乡村振兴战略的实践过程中，云龙县正面临更多新的问题与挑战，亟须进行深入分析和思考，探寻有针对性的解决路径。

1. 脱贫攻坚与乡村振兴的有效衔接问题

在脱贫攻坚时期，云龙县投入大量财政资金开展各类民生保障项目，进行生态环境治理和基础设施建设等，取得了显著的成效，帮助贫困人口脱贫致富，打赢了脱贫攻坚战。在乡村振兴阶段，政府的核心任务从保障民生转向经济发展，主要工作目标不再是解决贫困问题并提高农民基本生活水平，而是发展乡村经济和实现共同富裕。这对地方政府提出了新的要求，需要带着长远眼光和系统思维重新审视县域经济发展的战略和方向，充分考虑地方特色和资源禀赋，充分听取农民的意见和建议，制定科学合理的规划和政策框架支持乡村经济的发展和繁荣。

2. 乡村治理共同体建设问题

在过往的生态环境治理和乡村振兴实践中，云龙县更多地采取自上而下的动员方式，政府强势推进相关政策的落地实施，这种行政力量主导的动员方式有较高的执行效率，但易让群众产生"等、靠、要"的依赖思想，逐渐丧失主体性。为促进乡村的可持续发展，云龙县需要采取一系列措施增强社会力量，推动乡村社会自治，推进乡村治理共同体建设。具体而言，一方面可以鼓励社会组织、企业等社会力量参与乡村治理，加大对乡村合作社、志愿者队伍的培育和支持力度，形成政府、市场、社会共同参与的多元治理格局；另一方面可以加强对村干部和村民的培训和教育，提高治理能力和自治意识，培养一支懂治理、善治理的乡村治理人才队伍，提升乡村治理能力。

3. 村民思想观念转变问题

一方面是环境意识。随着经济的发展和人民生活水平的提高，村民的环境保护意识日益增强，但在实际决策中，却往往面临经济发展与环境保护的权衡，对经济发展改善生活条件的渴望可能使其难以做出有利于环境保护的决策。针对这一问题，政府可以通过政策引导和经济激励的措施，鼓励村民积极参与环保行动，将环保意识转化为实际行动。另一方面是对新事物的抵触。由于传统观念和保守心理的影响，以及自然灾害对农业生产的破坏，长期从事传统农业的云龙县村民形成了相对固定的生产和生活方式，倾向于种植旱涝保收的作物，而对于不甚了了的高附加值农作物，则往往持有怀疑和抵触的心理，担心改变会带来不确定性和风险。针对这一问题，村集体应在自愿的基础上帮助村民逐步接受和适应新的生产和生活方式，通过长期引导促进观念转变和乡村的可持续发展。

第五章 内蒙古乌梁素海流域生态保护修复试点工程的实践探索

一 案例背景

党的十八大以来，以习近平同志为核心的党中央深刻总结人与自然相互依存、相互影响的内在规律，站在生态文明战略的高度，提出了山水林田湖草生命共同体的系统思想，指导全国从根本上进行生态保护修复工作。2013 年 11 月，习近平总书记在《关于〈中共中央关于全面深化改革若干重大问题的决定〉的说明》中首次指出，"山水林田湖是一个生命共同体，人的命脉在田，田的命脉在水，水的命脉在山，山的命脉在土，土的命脉在树。用途管制和生态修复必须遵循自然规律"①。2017 年 7 月 19 日，习近平总书记主持召开中央全面深化改革领导小组第三十七次会议，在通过的《建立国家公园体制总体方案》中将"草"纳入山水林田湖同一个生命共同体之中，使"生命共同体"的内涵更加广泛、完整。我国国土面积 40%以上是草地，草地是生态退化的重要区域，会议强调，"建立国家公园体制，要在总结试点经验基础上，坚持生态保护第一、国家代表性、全民公益性的国家公园理念，坚持山水林田湖草是一个生命共同体，对相关自然保护地进行功能重组，理顺管理体制，创新运行机制，健全法律保障，强化监督管理，构建以国家公园为代表的自然保护地体系"②。习近平总书记在许多讲话中，深刻阐述了坚持山水林田湖草是生命共同体原则和遵循自然规律的重要性，强调要运用系统论的思想方法管理自然资源和生态系统，把

---

① 中共中央文献研究室编《习近平关于社会主义生态文明建设论述摘编》，中央文献出版社，2017，第 8 页。
② 李慧：《国家公园：让绿色发展成为文化标识》，《光明日报》2017 年 7 月 29 日。

统筹山水林田湖草系统治理作为生态文明建设的一项重要内容来加以部署。

2017年10月18日，习近平总书记在党的十九大报告中进一步指出：坚持人与自然和谐共生。建设生态文明是中华民族永续发展的千年大计。必须树立和践行绿水青山就是金山银山的理念，坚持节约资源和保护环境的基本国策，像对待生命一样对待生态环境，统筹山水林田湖草系统治理，实行最严格的生态环境保护制度，形成绿色发展方式和生活方式，坚定走生产发展、生活富裕、生态良好的文明发展道路，建设美丽中国，为人民创造良好生产生活环境，为全球生态安全做出贡献。习近平总书记在2018年5月18~19日召开的全国生态环境保护大会上强调推进新时代生态文明建设必须坚持"山水林田湖草是生命共同体"等六大原则，指出"山水林田湖草是生命共同体，要统筹兼顾、整体施策、多措并举，全方位、全地域、全过程开展生态文明建设"①。习近平总书记这一系列重要论述，对当前我国生态保护修复工作面临的突出矛盾做出了准确的判断，对新时代生态保护修复工作的理论思想做出了全新的阐述，为推进生态环境全过程系统综合治理修复提供了重要的方法论指引。

党中央、国务院高度重视内蒙古的生态文明建设，习近平总书记2014年在考察内蒙古时指出，"内蒙古的生态状况如何，不仅关系全区各族群众生存和发展，也关系华北、东北、西北乃至全国生态安全。要努力把内蒙古建成我国北方重要的生态安全屏障"②。2018年3月5日，习近平总书记在参加十三届全国人大一次会议内蒙古代表团审议时强调：要加强生态环境保护建设，统筹山水林田湖草治理，精心组织实施京津风沙源治理、三北防护林建设、天然林保护、退耕还林、退牧还草、水土保持等重点工程，实施好草畜平衡、禁牧休牧等制度，加快呼伦湖、乌梁素海、岱海等水生态综合治理，加强荒漠化治理和湿地保护，加强大气、水、土壤污染防治，在祖国北疆构筑起万里绿色长城。

2018年，乌梁素海流域山水林田湖草生态保护修复试点工程获批国家第三批山水林田湖草生态保护修复工程试点项目，集合生态敏感性及生态

① 中共中央党史和文献研究院编《十九大以来重要文献选编》（上），中央文献出版社，2019，第452页。

② 内蒙古自治区发展研究中心、内蒙古自治区经济信息中心：《决胜"十三五"增长与创新发展》，人民出版社，2016，第402页。

功能重要性的乌梁素海流域山水林田湖草生态保护修复试点工程是全面实现空间联动的山水林田湖草生态保护与修复工程，持续开展乌梁素海流域的生态保护与修复，提升流域生态系统的稳定性和生态系统服务功能，筑牢防风固沙的生态安全屏障尤为重要，不仅对保护黄河中下游区域的生态安全具有关键作用，而且对保护首都北京和华北平原的生态安全，构筑祖国北疆万里绿色长城具有十分重要的战略意义。

乌梁素海流域山水林田湖草生态保护修复试点工程是全国最大山水林田湖草沙生态修复试点工程，在国家第三批山水林田湖草生态保护修复工程试点中排名首位，是全国最大、实施最早、业态最全的山水林田湖草沙系统治理工程。2020 年，乌兰布和沙漠治理区被生态环境部评为全国"绿水青山就是金山银山"实践创新基地。2021 年，乌梁素海流域保护修复案例入选自然资源部与世界自然保护联盟联合发布的《基于自然的解决方案中国实践典型案例》，并成功入选《IUCN 基于自然的解决方案全球标准使用指南》中文版，对乌梁素海流域山水林田湖草生态保护修复试点工程进行案例机制的总结分析，能够为类似区域的生态环境综合治理提供可借鉴的模式和经验。

二 案例呈现

（一）案例地情况介绍

乌梁素海流域位于我国贺兰山与阴山之间的西北季风通道，西临乌兰布和沙漠，北有巴音杭盖戈壁，南有库布齐沙漠，是国家生态安全战略格局中"北方防沙带"的重要组成部分，是阻止乌兰布和沙漠向东侵蚀，阻隔乌兰布和沙漠与库布齐沙漠连通的"重要关口"，是我国北方重要的生态安全屏障。乌梁素海流域位于黄河"几"字湾的顶端，与母亲河——黄河河湖相连、唇齿相依、密不可分，是黄河生态系统的有机组成部分，拥有黄河流域最大的功能性草原湿地，是黄河生态安全的"自然之肾"，是事关黄河中下游水生态安全的"重要节点"。乌梁素海流域是国家三大灌区之一，是国家重要的商品粮油生产基地，是引领国家实施质量兴农战略的"重点区域"。乌梁素海流域内的河套灌区拥有 1100 万亩耕地和 6.5 万公里的七级灌排体系，是亚洲最大的一首制灌区和全国三大灌区之一。其中 484

万亩耕地含有不同程度的盐碱，占总耕地面积的 44 %，占内蒙古自治区盐碱化耕地的 46 %。盐碱化耕地属于生态环境脆弱区域，面临严重的生态环境退化风险，地表植被稀疏，荒漠化威胁日趋严峻。如果不治理好盐碱化耕地，有效阻止土地荒漠化、沙化进程，河套平原的盐碱化耕地极易成为京津冀的潜在风沙源。乌梁素海流域是黄河流域生物多样性保护的重要地区，是世界候鸟迁徙的"重要通道"，流域得天独厚的湿地生态环境为鸟类栖息繁衍提供了优越的条件，成为欧亚大陆重要的候鸟栖息、繁殖地和迁徙、集群、停歇及能量补给站。同时，乌梁素海流域内拥有众多的自然湿地，富集的水系为许多水生生物物种保存了基因特性，使许多野生水生生物在不受干扰的情况下自然生存和繁衍，这些生物随退水最后进入黄河，成为黄河水生生物多样性的重要物种来源。

贯彻"山水林田湖草是一个生命共同体"的生态思想，持续开展乌梁素海流域的生态保护与修复，提升流域生态系统的稳定性和生态系统服务功能，筑牢防风固沙的生态安全屏障尤为重要，不仅对保护黄河中下游区域的生态安全具有关键作用，而且对保护首都北京和华北平原的生态安全，构筑祖国北疆万里绿色长城具有十分重要的战略意义。

（二）案例地做法

乌梁素海流域位于我国北方多个生态功能的交汇区，是阻隔乌兰布和沙漠与库布齐沙漠连通的"重要关口"，也是关乎黄河中下游水生态安全的"重要节点"。因涉及生态要素复杂繁多，以"山水林田湖草沙生命共同体"为指导思想，兼顾整体推进，根据流域内不同自然地理单元和生态系统类型，多管齐下，一盘棋推进山水林田湖草沙系统治理，实施沙漠综合治理、矿山地质环境综合整治、水土保持与植被修复、湖体水环境保护与修复等几大工程。在工程具体的实施过程中，是跨区域、跨专业、跨层级的协同与合作配合，生态保护与修复中涉及的许多做法是具有创新性的，对这些工程中的独特做法进行归纳总结对于我国类似大型综合生态治理工程具有典型借鉴意义。

1. 山水林田湖草沙的系统性综合性修复与保护

乌梁素海生态问题治理初期，一度受到"就山治山，就水治水"的传统治理思路的影响，治山、治沙、治田、治河分别开展，但收效甚微。2018

年，内蒙古在"山水林田湖草共同体"思想的指导下启动乌梁素海流域山水林田湖草生态保护修复试点工程，实施矿山地质环境综合整治、水土保持与植被修复等七大工程。坚持"湖内的问题、功夫下在湖外"，实现由单纯的"治湖泊"向系统的"治流域"转变，生态修复由单要素向多要素转变，从保护一个湖到保护一个生态系统，实施一体化、综合化修复治理。

2018年底，在全国第三批山水林田湖草生态保护修复工程试点的竞争性评审中，乌梁素海流域山水林田湖草生态保护修复试点工程因地理位置重要、生态要素最齐全、战略意义重大，在全国20个省市中荣获第一名。乌梁素海流域山水林田湖草生态保护修复试点工程涉及多种生态要素，共35个子项目，覆盖面积为1.47万平方公里，建设内容涵盖沙漠综合治理工程（沙）、矿山地质环境综合整治工程（山）、水土保持与植被修复工程（林草）、河湖连通与生物多样性保护工程（水）、农田面源及城镇点源污染综合治理工程（田）、乌梁素海湖体水环境保护与修复工程（湖）、生态环境物联网建设等。山、水、林、田、湖、草、沙等各个建设内容之间存在紧密的有机联系，工程的综合性极强，"沙"的治理可以减缓乌兰布和沙漠边缘沙漠化的进程，保护地方水系和乌梁素海湖体的完整性；"田"的治理可以减少工业农业生产污染物的排放，保"水"护"土"；"林草"的治理可以改善水土，涵养水源，综合提升环境整体水平。整个建设项目是一个综合的有机统一体，"山水林田湖草沙"是一个"生命共同体"。试点工程也涉及了丰富多样的工程类别和专业学科，如建筑工程、市政工程、水利工程、矿山工程、环境工程、互联网工程等一系列的工程类别，并且涵盖环境学科、土木学科、农林学科、建筑规划学科、地质学科、水利学科、互联网学科等一系列专业性强的学科。工程建设综合性强，专业和技术要求高，整体建设过程需要统筹考虑，全盘筹措，总体指挥，分项进行，全面覆盖，综合协调。乌梁素海流域山水林田湖草生态保护修复试点工程覆盖的流域范围广阔，整体治理分为七大类重点项目，共17个大项，35个子项，细分工程多达上百项，整个流域都需要统筹生态环境的保护修复工作。

2. 多元化投入机制实现投资渠道丰富资金充足

乌梁素海流域山水林田湖草生态保护修复试点工程总投资为50.86亿元，其中试点工程项目累计获得国家专项基础奖补资金20.00亿元，占项目资金的39.32%。内蒙古自治区配套资金13.13亿元、巴彦淖尔市地方自筹资金16.12亿元（市本级资金11.70亿元，其中，一般债资金8.70亿元，专项债3.00亿元；旗县区资金2.04亿元，全部为地债资金；整合各类资金2.38亿元），共计29.25亿元，占项目资金的57.51%。乌梁素海流域山水林田湖草生态保护修复试点工程由巴彦淖尔市政府授权政府平台公司作为实施机构，并代表政府方出资。政府平台公司对项目的投资、建设、运营和基金管理进行公开招标，确定投资人为7家公司联合体（6家国企和1家民企）。由中国信达全资子公司——信达资本管理有限公司发起，联合市政府投资平台、央企工程主要实施方及战略投资人共同出资设立专项基金。引入社会资本设立项目基金共计1.61亿元，占项目资金的3.17%。

社会力量以资本形式介入生态治理过程，一方面能够改变以政府投入为主的生态保护资金筹措渠道，另一方面能够激发社会力量参与生态治理的主体性和主动性。乌梁素海流域生态保护修复试点工程大胆运用市场化手段，探索生态保护修复与生态产业化协同双赢的新模式，和以往生态保护修复工程相比，采取"两条腿走路"方式，实现多元化融资，多轮驱动建立以政府扶持为主、企业及社会资本参与、绿色债券融资等多渠道、多层次的投融资机制，不仅推动项目的落地实施和有效发展，还缓解了财政压力、盘活了市场资金。

3. 引入全过程工程咨询模式提供一体化服务

2019年4月，在巴彦淖尔市委、市政府的授权下，项目建设单位通过公开招标的方式引进上海同济工程咨询有限公司为试点工程提供全过程工程咨询服务，开创了国家大型生态保护修复项目全过程工程咨询模式的先河。

乌梁素海流域生态保护修复试点工程在政府组织、服务保障下，采取以全过程咨询和工程总承包为代表的集成化工程管理模式，实现了在生态治理市场化背景下多元主体参与治理发挥整合资源、科学指导、提高效率的效果。在试点工程中，上海同济工程咨询有限公司提供工程建设项目前期研究和决策以及为工程项目实施和运行的全生命周期提供包含设计和规划在内的涉及组织、管理、经济和技术等各有关方面的工程咨询服务。自全过程工程咨询单位进场以来，在进度、质量、投资、安全等方面严格把控，同时为保证试点工程的顺利实施，确保各单位发挥合力，科学有序地做好本工程的推进工作，完成大量的协调工作，例如梳理试点工程全部子项目前期的大量信息，明确了项目的实施难点、任务细节及责任分工，为项目实施推进工作的开展奠定了基础；积极与政府部门沟通，开展了大量的对接工作，有效协调并明确了政府各委办局的权责，建立了各委办局与实施单位沟通的桥梁，为市、区、各旗县政府及主管部门的放心决策提供了依据，保证了项目的高效推进；组织了多轮谈判，完成了中建、中交的项目实施分配，有效解决了各参建方之间的矛盾和问题；随时督促EPC总承包单位保证人力物力资源的足量调配，各类项目工作和任务保质完成；针对试点工程中存在的技术问题，完成了大量调研、对接、协调工作，统筹各方技术资源，为项目引进了先进的技术。组建了同济咨询乌梁素海技术中心，建立专家库，为项目管理工作提供高精尖技术支撑；邀请各相关领域专家，组织了各类培训工作，包括专项技术培训、无人机培训、内部专项工作培训等，保证项目推进不被人员技能差异制约。

引入全过程咨询，不仅可以运用管理、技术、经济、法律等多学科的专业知识和工程经验，为委托方提供智力密集型的决策、实施和运维各阶段工作的策划，还可以通过工程咨询单位统筹考虑项目投资、进度、质量、安全、环保等目标以及过程实施管理中各要素之间的相互制约和影响关系，实施集成化管理，避免项目管理要素独立运作而出现的漏洞和制约。

4. 使用高端技术、搭建信息平台推动生态治理

对于乌梁素海流域山水林田湖草生态保护修复这样的大型生态修复工程，对大量信息的分类处理和前沿科技的运用是更好开展工作的关键。针对乌梁素海流域山水林田湖草生态保护修复试点工程项目类型复杂、参与方众多、地域跨度大、信息传输难度高的特点，项目策划并构建了乌梁素海工程线上信息协同管理平台，并在传统线上协同管理模式的基础上增加无人机管理模块，形成地理信息系统项目展示模块，项目进度、质量、安全控制模块，人员管理模块，线上审批管理模块，无人机管理模块，角色权限管理模块，操作日志模块七大模块，实现无人机直播、项目信息报表优化展示、文档云存储、多方参与单位协同管理、线上审批等功能，以保证项目的管理高效便捷，保证领导的决策有据可循。试点工程采用的是"双重归档"制度，兼有纸质、电子文档资料管理的双重优势，能够做到高效地收集、归档、分析项目全生命周期产生的数据信息。"双重归档"相比传统的纸质文档资料管理，在信息收集与流转，文档检索和利用上效率都

有较大的提高。乌梁素海项目部同时建立了云共享资料收集系统,能更有效地促进各方沟通与协调,实时掌控项目进展。"双重归档"实现了项目资料线下与线上的充分互通,相互认证保障项目各类过程性资料的合规性与完整性,确保试点工程顺利完成,同时也能为竣工验收和决算审计奠定良好的基础。工程项目实现信息化管理,可以加快项目信息交流的速度、实现信息共享协同工作,还可以促进项目风险管理水平的提高。乌梁素海试点工程还充分运用无人机技术,组建"天眼"管理指挥平台,实现了管理人员足不出户,在指挥室从高空角度查看掌握重点项目现场施工进度、人员到岗、施工安全等多种情况,通过无人机航拍采集大量图像信息,制作成720°全景效果图,可以定期收集项目现场环境状况,直观对比项目实施前后,施工现场的变化、生态环境的改善等。

三　案例地治理机制

(一)发挥新型举国体制集中力量办事

在顶层设计层面,乌梁素海流域山水林田湖草生态保护修复试点工程是为实现国家生态格局优化、生态系统健康稳定和生态功能提升的重大目标,由中央进行顶层设计和规划,发挥新型举国体制集合各方资源,协调不同领域、区域资源的大型生态保护修复试点工程。

举国体制是指以维护国家安全和发展利益为最高目标,运用中央政府的力量统筹调配全国资源,攻克某项尖端技术、国家级重大战略项目或计划的一种资源配置手段和组织方式,也被称为"集中力量办大事"。党的十八大以来,随着时代背景和我国经济社会发展主要矛盾的深刻变化,举国体制在新时代有了全新的意涵,被称为新型举国体制。习近平总书记在《关于〈中共中央关于制定国民经济和社会发展第十三个五年规划的建议〉的说明》中强调,"发挥市场经济条件下新型举国体制优势,集中力量、协同攻关"①。"集中力量"强调通过社会主义市场经济等资源配置手段,把包括精神力量和物质资源在内的必要资源高效集聚于新型举国体制具体目标

---

① 习近平:《关于〈中共中央关于制定国民经济和社会发展第十三个五年规划的建议〉的说明》,《人民日报》2015年11月4日。

领域。"协同攻关"则强调在市场经济条件下促使政府、企业、高校、研发机构、用户等多元主体相互协同，通过高效的创新协作系统形成集体合力，实现治理目标。"集中力量、协同攻关"体现了我国"集中力量办大事"的思想逻辑和优良传统。

对于重大生态领域的保护修复，中央首先进行顶层设计规划，地方跟随中央的引领，落实规划。党中央、国务院一直高度重视内蒙古的生态文明建设，2018年，乌梁素海流域山水林田湖草生态保护修复试点工程获批国家第三批山水林田湖草生态保护修复工程试点项目，2019年4月16日乌梁素海流域山水林田湖草生态保护修复试点工程启动，同时国家下拨资金20亿元。2020年6月3日，《全国重要生态系统保护和修复重大工程总体规划（2021—2035年）》公布，这是党的十九大以来，国家层面推出的首个生态保护与修复领域综合性规划。该规划是推进全国重要生态系统保护和修复重大工程建设的顶层、总体设计，是编制和实施有关重大工程专项建设规划的重要依据，对推动全国生态保护和修复工作具有战略性、指导性作用。该规划以15年为一个实现生态目标阶段，表明生态保护修复工程不可一蹴而就，受损生态系统的恢复是长期过程，要坚持久久为功。

乌梁素海流域山水林田湖草生态保护修复试点工程的实施经历了从中央顶层设计到自治区整体规划再到地方落地推进的过程，并以建设我国北方重要的生态安全屏障重大、远景目标实现流域长期的生态保护和修复，克服了治理力量碎片化、决策分散和短视等障碍，将不同的参与主体聚集到统一的长期目标之下，坚持久久为功。在中央的顶层设计下，中央还以"高位推动"乌梁素海山水林田湖草生态保护修复工程的要素联动，依托政府主导合作网络，实现提升资源整合、组织协同与区域互动的有效性，有机整合治理资源以形成要素合力。政府在理顺项目参与各方之间、业主方和参建单位之间、业主方自身工程管理班子各职能部门之间的组织结构、任务分工和管理职能分工的基础上，推动整个工程管理系统的高效运转，帮助项目目标最优化实现。政府将不同职能人才聚集在一起激发各个主体活力，共同解决项目实施中出现的复杂问题，同时根据项目实际情况搭建多个项目部门，克服了试点工程地域跨度大、子项目众多的难题，从总体上提高了管理效率。

（二）实现山水林田湖草沙多种生态要素综合修复

乌梁素海流域山水林田湖草生态保护修复试点工程紧紧围绕乌梁素海流域特点，立足于解决各类生态问题，全方位、多层次、多领域地开展生态保护与修复，在中央顶层设计下，整合政府部门举措，形成工作合力，统筹协调推进。突出重点流域、重点生态功能区和重点生态系统，自然恢复与人工修复相结合，生物措施与工程措施相结合，各种措施合理配置，发挥综合治理效益。坚持贯彻"山水林田湖草是一个生命共同体"理念，把乌梁素海流域作为保护和修复的有机整体，保证山水林田湖草生态系统的完整性、系统性及其内在规律，统筹考虑了自然生态各要素、山上山下、地上地下、流域上下游，把治理水土流失、保护物种栖息地、修复矿山环境、维护水源涵养功能、提升水环境质量等任务实现有机结合，进行整体保护、系统修复、综合治理、维护流域生态安全。

对于涉及山水林田湖草沙综合修复的大型生态工程，要注重各种要素协同治理。要从生态系统整体性和流域系统性出发，从源头上系统开展生态环境修复和保护。强化山水林田湖草等各种生态要素的协同治理，推动上中下游地区的互动协作，增强各项举措的关联性和耦合性，把治水与治山、治林、治田、治湖有机结合起来，通过对自然生态进行系统的保护、治理和修复，不断增强生命共同体的活力，切实保障流域、区域的高质量发展。遵循自然规律，因地制宜开展保护修复，保护生态系统完整性，提高生态系统质量。开展监测评估，探索建立长效机制。对生态保护修复区域通过采用遥感、自动监测、实地调查、公众访谈等方式，开展生态保护修复工程全过程动态监测和生态风险评估，建立山水林田湖草生态保护修复相关管理部门的协调机制和统一监管机制，实现"源头预防、过程控制、损害赔偿和责任追究"全链条管控。

（三）以国家扶持为主，调动社会力量共同参与治理

随着经济社会的不断发展，生态问题的复杂程度也越来越高，尤其是乌梁素海流域范围广阔，面临沙漠化加剧、水土流失严重、草原和湖泊退化严重、内源污染严重等多重问题，生态修复和治理的难度显而易见，涉及矿山、湖水、林草、农田、湿地、沙漠等多个重要生态元素，项目规模

大、周期长、复杂程度高，按照传统的以政府为中心、以社会自治力量为辅助的生态治理模式已经无法解决如此庞大、复杂的系统性、整体性的生态环境问题，尤其在资金方面，建设生态修复工程、推进生态治理体系现代化的关键因素就在于要有大量的资金投入，有了充足的资金投入，才能攻克治理环境污染的关键技术难题，才能抽调足够人力资源、技术资源去从科学、客观、专业的角度全面了解生态现状并科学合理设计生态工程的治理修复方案。而以往以政府为单一主体的融资方式不仅会使政府债务包袱沉重、项目运行效率低下，还会出现融资监管不足等问题，2016 年 9 月，国家发展改革委和环境保护部联合印发了《关于培育环境治理和生态保护市场主体的意见》，明确鼓励多元性投资，鼓励建立多方式、多层次的融资渠道，注重发挥资本力量的撬动作用和带动作用。通过多元化资本投入方式推动多元生态治理主体的参与，追求公共责任与个体责任、公共利益与私人利益的共同实现。政府与公民、政府与市场、政府与社会在传统生态治理模式中的管理与被管理、控制与被控制的关系变成了相互合作、共同应对生态环境问题的关系。这种相互合作的关系是建立在多元社会力量参与生态治理基础上的。生态治理模式新取向的基点从原来单一的政府转向社会多元主体参与，这是生态治理的根本性转变，这种生态治理的新模式不仅带动了社会群体和公民个人参与的积极性，还可以实现生态治理模式变迁而带来的价值理性的突破，因为多元主体的参与形式要求强化各种主体的民主意识以及生态政策中的公正意识，同时在新模式之下有利于提升社会总效率，实现经济发展与生态环境保护的双赢。

（四）政府角色转变，成为多元治理体系中的协调者

工业时代和信息时代愈加复杂、系统的生态问题，要求过去的单一强硬的"管理型政府"要向现在的"服务型政府"转变，建立行为规范、运转协调、公正透明、廉洁高效的环境友好型政府，充分体现多元主体参与的主体性和政府的引导性，形成政府与市场、政府与社会合理分工、合作协调的生态治理新模式。政府在生态工程建设实施过程中发挥更多的是应用服务作用而不是管制作用，发挥政府引导社会多元力量参与生态治理的引导型服务职能。

在乌梁素海流域山水林田湖草生态保护修复试点工程实施过程中，政

府充分发挥联动各个部门、做好协调保障的作用。山水林田湖草生态保护修复工程是按照山水田林湖草是生命共同体理念，依据国土空间总体规划以及国土空间生态保护修复等相关专项规划，在一定区域范围内，为提升生态系统自我恢复能力，增强生态系统稳定性，促进自然生态系统质量的整体提高和生态产品供应能力的全面增强，对受损、退化、服务功能下降的生态系统进行整体保护、系统修复、综合治理的过程和活动。与以往生态保护修复相关工程相比，该工程具有整体性、系统性和综合性的特点。乌梁素海流域山水林田湖草生态保护修复试点工程，在项目前期策划阶段确定 EPC 总承包模式，这种模式建设工程质量责任主体明确，有利于追究工程质量责任和确定工程质量责任的承担人。以往将政府视为生态治理不可推卸的唯一主体，生态治理总是与公共责任、公共利益紧密联系在一起。生态治理本身可持续发展要求综合考虑公共责任与个人责任、公共利益与私人利益的共同实现，改变以往的以政府为单一主体的模式，实现政府角色在生态治理体系中的转变。

四　案例地启发与思考

（一）将举国体制转化为治理效能

举国体制是根植中国、彰显制度优势、能够实现集中力量办大事的协调机制，带有动员性质，并在新型举国体制作用下，可以充分实现政府的协调、调动作用和市场的资源配置、效率增强作用。在适用领域上，对于涉及生态要素多、生态问题突出、跨区域、跨流域的重大生态工程，在启动和进行中都需要适用举国体制来协调市场、当地人民、当地政府、实施方、咨询机构，实现系统性、全局性的修复与保护。举国体制形成在与西方抗争追赶的时代，带有明显的应急攻关、动员发动的特征，在短期内，聚焦一个重大目标发挥资源配置的"优化机制"，由中央来整合社会性的主体力量，实现物质资源与精神意志的最大统一，重大生态工程在这种机制下能够在工程设定的期限内完成短期目标，最快、最大限度上实现生态问题的解决和修复，但生态问题是久久为功、需要日复一日坚持、时时刻刻注意的永恒问题，工程的完工，就存在在生态工程的运维阶段如何将举国体制的优势转化为日常化的治理效能的问题。首先，各参与主体之间的协同是实现机制、制度优势转变为治理效能的重要力量。生态问题的治理效能是多主体多制度协同参与的结果，工程验收结束后，咨询平台的退出、实施方的更换、政府监督的增强，各方力量的变动都会影响工程流域的修复效果，只有各参与主体之间实现相互协同、职能区分，坚持以流域生态问题和流域人民利益为主，才能实现治理效能的提高升级。其次，增强制度执行力是实现制度优势转变为治理效能的重要前提。制度优势的维持、彰显在于执行，只有不断提高制度的执行力，才能将其转化为治理效能。在生态工程验收结束后，运维阶段也坚决执行在工程实施过程中创建的有益于区域流域生态保护的规章制度，维护规章制度的权威性和严肃性。最后，持续、科学、全方位的监测工作是辅助工程项目治理有效的重要条件。生态类项目竣工会编写验收调查报告，包括施工期与运行期的调查监测、生态指标调查，具体涉及建设项目工程指标、生态影响指标、环境敏感指标等，在运行期进行科学监测，坚持上报真实可信的监测数据，数据传输畅通，便于生态环境保护的管理，同时构建全方位的监督网络并推动监督社会化，动员工程项目周围的公众进行环保监督，使环境保护工作变成全民的自觉行动，增强人们的生态意识和制度敬畏意识。

（二）山水林田湖草沙综合修复工程的经验借鉴

2016 年 10 月，财政部等三部门印发《关于推进山水林田湖草生态保护修复工作的通知》后，财政部等相关部委连续 2 年相继印发了第二批、第三批山水林田湖草生态保护修复工程试点的通知，审批通过的试点工程共25 个，其中，第一批 5 个，第二批 6 个，第三批 14 个，山水林田湖草生态保护修复试点工程基本覆盖了我国大部分省（区、市），山水林田湖草生态保护修复试点工程主要从保障国家生态安全、恢复生态系统功能和生态产业发展等角度出发，以保障国家生态安全的试点项目除了乌梁素海流域山水林田湖草生态保护修复试点工程外，还有拉萨河流域山水林田湖草生态保护修复试点工程、黄土高原山水林田湖草生态保护修复试点工程、祁连山（青海）区山水林田湖生态保护修复试点项目、河北省京津冀水源涵养山水林田湖草生态保护修复工程、新疆额尔齐斯河流域山水林田湖草生态保护修复工程、宁夏贺兰山东麓山水林田湖草生态保护修复工程、黑龙江小兴安岭—三江平原山水林田湖草生态保护修复工程、长白山区山水林田湖草生态保护修复工程、闽江流域山水林田湖草生态保护修复试点工程、长江上游生态屏障（重庆段）山水林田湖草生态保护修复工程试点、广东粤北南岭山区山水林田湖草生态保护修复试点工程等。以恢复生态系统完整性和稳定性的试点工程有：泰山区域山水林田湖草生态保护修复试点工程、云南省抚仙湖流域山水林田湖草生态保护修复工程、湖北省长江三峡地区山水林田湖草生态保护修复工程、湖南省湘江流域和洞庭湖山水林田湖草生态保护修复工程等。以生态修复为主、兼顾生态发展的试点工程有：河北省京津冀水源涵养山水林田湖草生态保护修复工程、祁连山（黑河流域）山水林田湖草生态保护与修复试点项目、贵州省乌蒙山国家脱贫攻坚区山水林田湖草生态保护修复重大工程。他山之石可以攻玉，通过对比其他综合性工程，有助于为下一步更好地运行乌梁素海项目提供可以借鉴的经验。

1. 综合运用测绘地理信息技术进行系统监管

全国第三批山水林田湖草生态保护修复试点工程"长江上游生态屏障（重庆段）山水林田湖草生态保护修复工程试点"在工作中综合运用测绘地理信息等技术手段为国土空间生态修复监管工作提供技术支撑，建立了生态修复工程监管和绩效评价体系、生态修复监管数据库，实现了多层次、立体化、全方位、可视化的生态修复工程监管和绩效评价，为构建"集中统一、全程全面"的生态修复工程监管体系提供支撑；通过构建专家库、模型库，为优化生态修复技术方案、强化生态系统功能、解决生态问题提供智力支持。

2. 全链条实现生态检察，加强综合治理

赣州山水林田湖草生态保护修复试点工程按照区域面临的主要生态环境问题，突出流域水环境保护与整治、矿山环境修复、水土流失治理、生态系统与生物多样性保护、土地整治与土壤改良五大类生态建设工程。在生态检察方面，赣州以公益诉讼制度的颁布为契机，在全省设区市检察院率先设立生态环境保护检察处，将生态检察工作延伸到刑事、民事、行政检察各个环节，形成"专业化法律监督+恢复性司法实践+社会化综合治理"的生态检察工作模式，抓住"公益"这个"牛鼻子"，加强对生态环境的精准保护，主动引入恢复性司法理念，在依法办案的同时，要求犯罪嫌疑人对破坏的林地进行补植复绿，实现司法效果和社会效果的有机统一。

3. 构建遥感信息服务平台，实现全过程监测

河北省山水林田湖草生态保护修复遥感信息服务平台是创新生态系统综合管理新机制的一项举措，遥感信息服务平台在河北省 86 个山水林田湖生态保护修复试点工程中得到直接应用，试点工程包括恢复与自然地质灾害防治、水土流失治理、水环境治理、河流水库生态环境治理、造林绿化、土地整治及土壤污染防治与农业面显地草地修复与保护七大类。平台实现项目执行情况的动态监管和治理效果评估，主要包括：工程信息服务系统、工程进度报送系统、数据管理系统、遥感监测系统。工程信息服务系统可以实现项目信息查询浏览、项目进度监管、数据统计分析等功能，为工程监管和职能管理获取实时的项目信息。该系统包括项目基本信息、报送信息、遥感监测信息和统计分析四大主功能。工程进度报送系统用来实现工程项目终端报送，由各工程项目承担单位自行报送各工程进度及完成情况，主要功能包括项目进度查看、信息配置等。数据管理系统是整个平台的核心软件，负责数据组织、数据维护、数据服务、数据安全等。数据库优先考虑开源数据库，建立以遥感影像为底图，集工程部署空间信息和治理目标等属性于一体的工程项目数据库，按照项目类型、行政区划、功能分区等字段为属性结构的数据字典，便于项目的查询和监管。该系统包括项目信息浏览、数据库管理、系统设置三大主功能。遥感监测系统以 Arc GIS 为支撑平台，主要负责工程施工空间信息的加工处理工作。该系统主要功能包括影像浏览，实现从遥感监测数据库中加载和叠加相关数据，并进行辅助解译；提供对山水林田湖草工程项目施工区域人工解译的工具，对比监测和简报编写。

山水林田湖草试点项目是由顶层设计的，从发起到实施是循序渐进的，山水林田湖草试点项目可以实现我国生态安全战略格局的构建，可以恢复我国区域生态系统的完整性与稳定性，带动生态产业的发展，建设美丽乡村、美丽中国，试点工程虽然是短暂的项目建设，但生态恢复是长期的维护与保护，在保证落实各项生态修复项目的同时，应该重视对生态系统后期的运维和监测，使生态系统具有一定的稳定性和有效性，综合学习和借鉴各地区山水林田湖草生态保护修复工程的启示与经验，对乌梁素海流域山水林田湖草生态保护修复试点工程验收后运维阶段的实施与保障具有重要意义。

图书在版编目（CIP）数据

乡村生态环境治理参与模式研究 / 运迪著. -- 北京：
社会科学文献出版社，2024.9. -- ISBN 978-7-5228
-4203-5

Ⅰ. X322.2

中国国家版本馆 CIP 数据核字第 2024FZ6093 号

乡村生态环境治理参与模式研究

著　　者 / 运　迪

出 版 人 / 冀祥德
组稿编辑 / 曹义恒
责任编辑 / 吕霞云
文稿编辑 / 王　敏
责任印制 / 王京美

出　　版 / 社会科学文献出版社·马克思主义分社（010）59367126
　　　　　地址：北京市北三环中路甲 29 号院华龙大厦　邮编：100029
　　　　　网址：www.ssap.com.cn
发　　行 / 社会科学文献出版社（010）59367028
印　　装 / 三河市龙林印务有限公司

规　　格 / 开　本：787mm×1092mm　1/16
　　　　　印　张：11.5　字　数：187千字
版　　次 / 2024 年 9 月第 1 版　2024 年 9 月第 1 次印刷
书　　号 / ISBN 978-7-5228-4203-5
定　　价 / 89.00 元

读者服务电话：4008918866